教科書ガイド

ガイド

啓林館版

数学A

TEXT

BOOK

GUIDE

文研出版

序章　集　合

1　集　合

☑ 問1　素数全体の集合を A とする。次の □ に ∈，∉ のいずれかを入れよ。

教科書
p.8
(1)　3 □ A　　　　　(2)　15 □ A　　　　　(3)　1 □ A

- -

ガイド　「5 以下の自然数全体の集まり」や「整数全体の集まり」などのように，それに入っているものがはっきりしているものの集まりを**集合**という。

　　集合に入っている 1 つ 1 つのものを，その集合の**要素**という。

　　集合は，A，B などの大文字を使って表すことが多い。

　　a が集合 A の要素であるとき，a は集合 A に**属する**といい，$a \in A$ で表し，b が集合 A の要素でないことを，$b \notin A$ と表す。

解答　(1)　$3 \in A$　　　　(2)　$15 \notin A$　　　　(3)　$1 \notin A$

⚠ 注意　2 以上の自然数において，1 とその数自身以外に正の約数をもたないものを素数という。1 は素数に含まれない。

☑ 問2　次の集合を，要素を書き並べて表せ。

教科書
p.9
(1)　$\{x \mid x$ は 24 の正の約数$\}$　　　　(2)　$\{2n-1 \mid n$ は正の整数$\}$

- -

ガイド　集合を表すには，次の 2 通りの方法がある。

　　　[1]　要素を書き並べて表す

　　　[2]　要素の満たす条件を述べて表す

　　例えば，1 桁の正の偶数全体の集合を A とすると，

　　　[1]では，$A = \{2,\ 4,\ 6,\ 8\}$

　　　[2]では，$A = \{x \mid x$ は 1 桁の正の偶数$\}$

のように表される。

序
章

集
合

解答▶ (1)　{1, 2, 3, 4, 6, 8, 12, 24}

(2)　{1, 3, 5, 7, 9, 11, ……}

参考▶ 問 2 (2)のように，要素の個数が多い場合や無限にある場合には，「……」を用いて表すことがある。

☑ **問 3**　次の集合を，要素の満たす条件を述べて表せ。

教科書
p.9　(1)　{3, 6, 9, 12, 15, 18}　　　　(2)　{1, 4, 9, 16, 25, ……, 81}

ガイド 集合を，要素の満たす条件を述べて表す。

解答▶ (1)　$\{3n\,|\,1\leqq n\leqq 6,\ n$ **は整数**$\}$　　(2)　$\{n^2\,|\,1\leqq n\leqq 9,\ n$ **は整数**$\}$

☑ **問 4**　次の 2 つの集合 A，B の関係を，⊂，⊃，＝ のいずれかを用いて表せ。

教科書
p.10　(1)　$A=\{-1,\ 0,\ 1,\ 2,\ 3\}$，$B=\{-1,\ 1,\ 3\}$

(2)　$A=\{1,\ 2,\ 3,\ 4,\ 6,\ 12\}$，$B=\{x\,|\,x$ は 12 の正の約数$\}$

ガイド 一般に，集合 A のどの要素も集合 B の要素であるとき，すなわち，

$x\in A$　ならば　$x\in B$

のとき，A は B の**部分集合**であるといい，

$A\subset B$　または　$B\supset A$

と表す。このとき，A は B に**含まれる**，
または，B は A を**含む**という。

A 自身も集合 A の部分集合である。すなわち $A\subset A$ である。

集合 A と集合 B の要素がすべて一致するとき，A と B は**等しい**といい，$A=B$ と表す。$A\subset B$ かつ $B\subset A$ のとき，$A=B$ である。

解答▶ (1)　集合 B の要素 -1, 1, 3 は，すべて集合 A の要素であるから，B は A に含まれる。

また，集合 A の要素 0, 2 は，集合 B の要素でない。

よって，　**$B\subset A$**

(2)　集合 B を，その要素を書き並べて表すと，

$B=\{1,\ 2,\ 3,\ 4,\ 6,\ 12\}$

となるから，集合 A と集合 B の要素はすべて一致する。

よって，　**$A=B$**

☐ **問 5** 　次の集合 A, B について，$A \cap B$，$A \cup B$ を求めよ。

教科書
p.10
(1) 　$A = \{2,\ 3,\ 5,\ 7\}$, 　　$B = \{1,\ 3,\ 5,\ 7,\ 9\}$

(2) 　x は実数とする。$A = \{x \mid -3 < x < 4\}$, $B = \{x \mid -2 \leqq x \leqq 5\}$

ガイド 　2つの集合 A, B において，A と B の両方に属する要素全体の集合を，A と B の**共通部分**といい，$A \cap B$ で表す。すなわち，

$$A \cap B = \{x \mid x \in A \text{ かつ } x \in B\}$$

また，A と B の少なくとも一方に属する要素全体の集合を，A と B の**和集合**といい，$A \cup B$ で表す。すなわち，

$$A \cup B = \{x \mid x \in A \text{ または } x \in B\}$$

解答 　(1) 　右の図より，

　　　$A \cap B = \{3,\ 5,\ 7\}$

　　　$A \cup B = \{1,\ 2,\ 3,\ 5,\ 7,\ 9\}$

(2) 　下の図より，

　　　$A \cap B = \{x \mid -2 \leqq x < 4\}$

　　　$A \cup B = \{x \mid -3 < x \leqq 5\}$

テクニック 　右のような図に，A, B の要素を書き入れるとき，まず，イの $A \cap B$ の部分を考えて書き入れ，残りをア，ウの部分に入れていくとよい。

共通部分から
考えるといいね。

☑ **問 6** $A=\{1,\ 2,\ 3\}$ のとき，A の部分集合をすべて答えよ。

教科書
p.11
- -

ガイド　2つの集合 $A=\{1,\ 2,\ 3,\ 4,\ 5\}$ と
$B=\{6,\ 7,\ 8,\ 9\}$ の共通部分 $A\cap B$ には
属する要素が1つもない。このように，要
素を1つももたないものも特別な集合と考えて，これを**空集合**といい，
$\varnothing$ で表す。

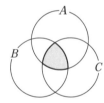

　　上の A，B について，$A\cap B=\varnothing$ である。
　　空集合は，すべての集合の部分集合であると考える。

解答　$\varnothing$，$\{1\}$，$\{2\}$，$\{3\}$，$\{1,\ 2\}$，$\{1,\ 3\}$，$\{2,\ 3\}$，$\{1,\ 2,\ 3\}$

⚠ **注意**　空集合 $\varnothing$ と A 自身も忘れないようにする。

☑ **問 7** $A=\{1,\ 3,\ 6,\ 9,\ 12\}$，$B=\{2,\ 3,\ 5,\ 7\}$，$C=\{1,\ 2,\ 3,\ 4,\ 9,\ 12\}$ の

教科書
p.11
とき，$A\cap B\cap C$，$A\cup B\cup C$ を求めよ。
- -

ガイド　3つの集合 A，B，C においても，A，B，
C のどれにも属する要素全体の集合を，A，
B，C の共通部分といい，

　　　$A\cap B\cap C$

で表す。

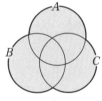

　　また，A，B，C の少なくとも1つに属する
要素全体の集合を，A，B，C の和集合といい，

　　　$A\cup B\cup C$

で表す。

解答　右の図より，
　　　$A\cap B\cap C=\{3\}$
　　　$A\cup B\cup C$
　　　$=\{1,\ 2,\ 3,\ 4,\ 5,\ 6,\ 7,\ 9,\ 12\}$

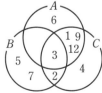

☑ **問8** $U=\{x|x$ は 12 以下の正の整数$\}$ を全体集合とする。U の部分集合

教科書
p.12 $\qquad A=\{2,\ 4,\ 6,\ 8,\ 10,\ 12\}, \qquad B=\{3,\ 6,\ 9,\ 12\}$

について，次の集合を，要素を書き並べて表せ。

(1) $\overline{A}$ 　　(2) $A\cap\overline{B}$ 　　(3) $\overline{A\cup B}$ 　　(4) $\overline{A}\cap\overline{B}$

ガイド いくつかの集合を取り扱うときは，ある集合 U を定めて，U の要素や部分集合について考えることが多い。このとき，集合 U を**全体集合**という。

全体集合 U の部分集合 A について，A に属さない U の要素全体の集合を A の**補集合**といい，$\overline{A}$ で表す。すなわち，

$$\overline{A}=\{x|x\in U \ かつ \ x\notin A\}$$

空集合 $\varnothing$，全体集合 U については，$\overline{\varnothing}=U$，$\overline{U}=\varnothing$ である。

(1)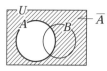

(2)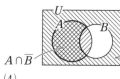

(3)

(4)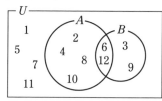

解答 $U=\{1,\ 2,\ 3,\ 4,\ 5,\ 6,\ 7,\ 8,\ 9,\ 10,\ 11,\ 12\}$

(1) A の補集合であるから，

$\qquad \overline{A}=\{1,\ 3,\ 5,\ 7,\ 9,\ 11\}$

(2) A と $\overline{B}$ の共通部分であるから，

$\qquad A\cap\overline{B}=\{2,\ 4,\ 8,\ 10\}$

(3) $A\cup B$ の補集合であるから，

$\qquad \overline{A\cup B}=\{1,\ 5,\ 7,\ 11\}$

(4) $\overline{A}$ と $\overline{B}$ の共通部分であるから，

$\qquad \overline{A}\cap\overline{B}=\{1,\ 5,\ 7,\ 11\}$

☑ **問 9**　x は実数とする。$U=\{x\,|\,0\leqq x\leqq 10\}$ を全体集合とするとき，U の部分

教科書
p.12

集合

$$A=\{x\,|\,3\leqq x\leqq 6\},\qquad B=\{x\,|\,0\leqq x<5\}$$

について，次の集合を求めよ。

(1)　$\overline{B}$　　　　　　　　(2)　$A\cup\overline{B}$　　　　　　　(3)　$\overline{A}\cap\overline{B}$

ガイド　不等式で表された実数の集合は，数直線上で考えるとよい。補集合
を調べるときは，不等号の等号の有無に注意する。

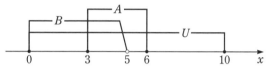

解答　上の図より，

(1)　$\overline{B}=\{x\,|\,5\leqq x\leqq 10\}$

(2)　$A\cup\overline{B}=\{x\,|\,3\leqq x\leqq 10\}$

(3)　$\overline{A}\cap\overline{B}=\{x\,|\,6<x\leqq 10\}$

ポイント プラス ☞　[補集合の性質]

$$A\cup\overline{A}=U,\qquad A\cap\overline{A}=\varnothing,\qquad \overline{\overline{A}}=A$$

⚠**注意**　$\overline{\overline{A}}$ は $\overline{A}$ の補集合を表す。

A に $\overline{A}$ を補うと，
全体になるね！

☑ **問10** 図を用いて,
$$\overline{A \cap B} = \overline{A} \cup \overline{B}$$

教科書
p.13
が成り立つことを確かめよ。

- -

ガイド 　全体集合 U から共通部分 $A \cap B$ を除いた部分が, その補集合 $\overline{A \cap B}$ である。

解答 　A, B の補集合 $\overline{A}$, $\overline{B}$ は, それぞれ右の図1, 図2の斜線部分である。

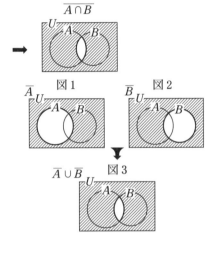

　したがって, $\overline{A}$, $\overline{B}$ の和集合 $\overline{A} \cup \overline{B}$ は, 右の図3の斜線部分で, これは $A \cap B$ の補集合 $\overline{A \cap B}$ となっているから,

$$\overline{A \cap B} = \overline{A} \cup \overline{B}$$

が成り立つ。

> **ここがポイント** ☞ ［ド・モルガンの法則］
> $$\overline{A \cup B} = \overline{A} \cap \overline{B} \qquad \overline{A \cap B} = \overline{A} \cup \overline{B}$$

- -

☑ **問11** 　$U = \{x \mid x \text{ は } 12 \text{ 以下の正の整数}\}$ を全体集合とする。U の部分集合

教科書
p.13
$$A = \{x \mid x \text{ は } 10 \text{ の正の約数}\}$$
$$B = \{x \mid x \text{ は } 12 \text{ の正の約数}\}$$

について, $\overline{A} \cap \overline{B}$ と $\overline{A} \cup \overline{B}$ を求めよ。

- -

ガイド 　ド・モルガンの法則を利用して, $\overline{A} \cap \overline{B}$ と $\overline{A} \cup \overline{B}$ を求める。

解答 　$A = \{1,\ 2,\ 5,\ 10\}$
$B = \{1,\ 2,\ 3,\ 4,\ 6,\ 12\}$ より,
$A \cap B = \{1,\ 2\}$
$A \cup B = \{1,\ 2,\ 3,\ 4,\ 5,\ 6,\ 10,\ 12\}$

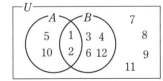

ド・モルガンの法則により，

$$\overline{A} \cap \overline{B} = \overline{A \cup B} = \{7, \ 8, \ 9, \ 11\}$$
$$\overline{A} \cup \overline{B} = \overline{A \cap B} = \{3, \ 4, \ 5, \ 6, \ 7, \ 8, \ 9, \ 10, \ 11, \ 12\}$$

問　題

序章｜集　合

1
教科書
p.14

N を自然数全体の集合とし，$A = \{x \mid 1 < x < 8, \ x \in N\}$，$B = \{3y+1 \mid y \in N\}$ とする。このとき，次の集合を要素を書き並べて表せ。

(1)　A　　　　　　　　(2)　B　　　　　　　　(3)　$A \cap B$

ガイド　集合を，その要素を書き並べて表す。

(3)　A は有限集合，B は無限集合であるため，A の要素が B に含まれるかどうかを確かめる。

解答　(1)　$A = \{2, \ 3, \ 4, \ 5, \ 6, \ 7\}$

(2)　$B = \{4, \ 7, \ 10, \ 13, \ \cdots\cdots\}$

(3)　$A \cap B = \{4, \ 7\}$

2
教科書
p.14

x は実数とする。実数全体を全体集合 U とするとき，U の部分集合 $A = \{x \mid -1 \leqq x \leqq 5\}$，$B = \{x \mid -2 < x < 2\}$ について，次の集合を求めよ。

(1)　$A \cap B$　　　　　　　　　(2)　$A \cup B$

(3)　$A \cap \overline{B}$　　　　　　　　　(4)　$\overline{A} \cap \overline{B}$

ガイド　数直線で考えるとよい。

(4)　ド・モルガンの法則を利用する。

解答　数直線は右のようになる。

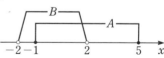

(1)　$A \cap B = \{x \mid -1 \leqq x < 2\}$

(2)　$A \cup B = \{x \mid -2 < x \leqq 5\}$

(3)　$A \cap \overline{B} = \{x \mid 2 \leqq x \leqq 5\}$

(4)　$\overline{A} \cap \overline{B} = \overline{A \cup B}$

$\qquad\qquad = \{x \mid x \leqq -2, \ 5 < x\}$

3

$U=\{x\,|\,1\leqq x\leqq 10,\ x$ は整数$\}$ を全体集合とする。U の部分集合

　$A=\{2,\ 3,\ 6,\ 7\}$, $B\cap C=\{3,\ 4\}$, $\overline{B}\cap\overline{C}=\{7,\ 9,\ 10\}$,

　$\overline{B}\cap C=\{5,\ 6\}$

について，次の集合を求めよ。

(1) $A\cap B\cap C$　　　　　　　　　(2) $\overline{A\cup B\cup C}$

(3) C　　　　　　　　　　　　　(4) B

ガイド 与えられた条件から図をかいて考える。

解答 (1) $A\cap B\cap C=A\cap(B\cap C)$
$$=\{3\}$$

(2) $\overline{A\cup B\cup C}=\overline{A\cup(B\cup C)}$

ド・モルガンの法則により，

　$\overline{A\cup(B\cup C)}=\overline{A}\cap(\overline{B\cup C})$
$$=\overline{A}\cap(\overline{B}\cap\overline{C})$$

　$\overline{A}=\{1,\ 4,\ 5,\ 8,\ 9,\ 10\}$,

　$\overline{B}\cap\overline{C}=\{7,\ 9,\ 10\}$ より，

　　$\overline{A\cup B\cup C}=\overline{A}\cap(\overline{B}\cap\overline{C})$
$$=\{9,\ 10\}$$

(3) $C=(B\cap C)\cup(\overline{B}\cap C)$
$$=\{3,\ 4,\ 5,\ 6\}$$

(4) $\overline{B\cup C}=\overline{B}\cap\overline{C}$
$$=\{7,\ 9,\ 10\}$$

よって，　$B\cup C=\{1,\ 2,\ 3,\ 4,\ 5,\ 6,\ 8\}$

これと，$\overline{B}\cap C=\{5,\ 6\}$ より，

　　$B=\{1,\ 2,\ 3,\ 4,\ 8\}$

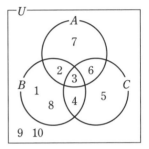

第1章　場合の数と確率

|第1節| 場合の数

1 集合と要素の個数

☑ 問 1

教科書
p.17

集合 A, B が全体集合 U の部分集合で,

$$n(U)=40,\ n(A)=23,\ n(B)=15,\ n(A\cap B)=3$$

であるとき, 次の集合の要素の個数を求めよ。

(1) $\overline{B}$　　　　　　　　　(2) $\overline{A\cup B}$

- -

ガイド　5以下の自然数の集合のように, 有限個の要素からなる集合を**有限集合**といい, 整数全体の集合のように, 無限に多くの要素からなる集合を**無限集合**という。

有限集合 A の要素の個数を $\boldsymbol{n(A)}$ で表す。

特に, 空集合 $\varnothing$ は要素をもたないから, $n(\varnothing)=0$ である。

> **ここがポイント** ☞ ［和集合と補集合の要素の個数］
>
> ① $\boldsymbol{n(A\cup B)=n(A)+n(B)-n(A\cap B)}$
>
> 　特に, $A\cap B=\varnothing$ のとき,
>
> 　　$\boldsymbol{n(A\cup B)=n(A)+n(B)}$
>
> ② $\boldsymbol{n(\overline{A})=n(U)-n(A)}$

解答　(1)　$n(\overline{B})=n(U)-n(B)$

　　　　　　　　$=40-15=\boldsymbol{25}$

(2)　$n(A\cup B)=n(A)+n(B)-n(A\cap B)$

　　　　　　　$=23+15-3=35$

であるから,

　　$n(\overline{A\cup B})=n(U)-n(A\cup B)=40-35=\boldsymbol{5}$

個数がわかっているもので表そう。

☑ **問2**　50人の生徒に2問のクイズA，Bを出題したところ，Aを正解した人
教科書
p.17　が35人，Bを正解した人が21人，両方とも不正解の人が7人であった。
このとき，次の問いに答えよ。

(1)　2問とも正解した人は何人か。 (2)　1問だけ正解した人は何人か。

- -

ガイド　50人の生徒の集合を全体集合 U とし，クイズAを正解した人の集
合を A，クイズBを正解した人の集合を B とする。

(1)　$n(A \cap B)$ が求めるものであり，$n(A \cup B)$ がわかれば，
$n(A \cap B)$ を求めることができる。

さらに，$A \cup B$ の補集合 $\overline{A \cup B}$ の要素の個数 $n(\overline{A \cup B})$ がわ
かれば，$n(A \cup B)$ を求めることができ，ド・モルガンの法則
$\overline{A \cup B} = \overline{A} \cap \overline{B}$ を用いることで $n(\overline{A \cup B})$ を求めることができる。

(2)　$n(A \cap \overline{B})$ と $n(\overline{A} \cap B)$ を求める。

解答　50人の生徒の集合を全体集合 U とし，クイズAを正解した人の集
合を A，クイズBを正解した人の集合を B とすると，

$$n(U)=50, \quad n(A)=35, \quad n(B)=21, \quad n(\overline{A} \cap \overline{B})=7$$

(1)　2問とも正解した人の集合は $A \cap B$ である。

和集合の要素の個数より，

$$n(A \cup B)=n(A)+n(B)-n(A \cap B) \text{ であるから,}$$
$$n(A \cap B)=n(A)+n(B)-n(A \cup B)$$

ド・モルガンの法則により，$\overline{A \cup B}=\overline{A} \cap \overline{B}$ であるから，

$$n(\overline{A \cup B})=n(\overline{A} \cap \overline{B})=7$$

よって，

$$n(A \cup B)=n(U)-n(\overline{A \cup B})=50-7=43$$

したがって，2問とも正解した人の人数は，

$$35+21-43=\mathbf{13}(\textbf{人})$$

(2)　1問だけ正解した人数は，Aだけ正解した人数とBだけ正解し
た人数の合計であり，クイズAだけを正解した人の集合は $A \cap \overline{B}$，
クイズBだけを正解した人の集合は $\overline{A} \cap B$ である。

$$n(A \cap \overline{B})=n(A)-n(A \cap B)=35-13=22$$
$$n(\overline{A} \cap B)=n(B)-n(A \cap B)=21-13=8$$

よって，1問だけ正解した人の人数は，

$$n(A \cap \overline{B})+n(\overline{A} \cap B)=22+8=\mathbf{30}(\textbf{人})$$

別解　(2)　$n(A \cup B)-n(A \cap B)=43-13=\mathbf{30}(\textbf{人})$

☑ **問 3**　1から200までの整数の集合を全体集合とするとき，次の部分集合の

教科書
p.18　要素の個数を求めよ。

(1)　3の倍数かつ5の倍数の集合

(2)　3の倍数または5の倍数の集合

(3)　3の倍数でも5の倍数でもない数の集合

- -

ガイド　3の倍数の集合をA，5の倍数の集合をBとすると，求めるものは，

(1)　$n(A \cap B)$　　(2)　$n(A \cup B)$　　(3)　$n(\overline{A} \cap \overline{B})$

である。

(3)　ド・モルガンの法則　$\overline{A \cup B} = \overline{A} \cap \overline{B}$　を用いる。

解答　全体集合をU，その部分集合で，3の倍数の集合をA，5の倍数の集合をBとする。

(1)　3の倍数かつ5の倍数の集合は$A \cap B$で，200以下の15の倍数の集合である。

$$A \cap B = \{15 \cdot 1,\ 15 \cdot 2,\ 15 \cdot 3,\ \cdots\cdots,\ 15 \cdot 13\}$$

よって，　$n(A \cap B) = \mathbf{13}$（**個**）　　$200 = 15 \times 13 + 5$

(2)　3の倍数または5の倍数の集合は$A \cup B$である。

$$A = \{3 \cdot 1,\ 3 \cdot 2,\ 3 \cdot 3,\ \cdots\cdots,\ 3 \cdot 66\}$$
$$B = \{5 \cdot 1,\ 5 \cdot 2,\ 5 \cdot 3,\ \cdots\cdots,\ 5 \cdot 40\}$$

であるから，　$n(A) = 66,\ n(B) = 40$

よって，

$$n(A \cup B) = n(A) + n(B) - n(A \cap B)$$
$$= 66 + 40 - 13$$
$$= \mathbf{93}\ (\textbf{個})$$

（ベン図：U，A 3の倍数，15の倍数，B 5の倍数）

(3)　3の倍数でも5の倍数でもない数の集合は$\overline{A} \cap \overline{B}$である。

ド・モルガンの法則により

$\overline{A} \cap \overline{B} = \overline{A \cup B}$　であるから，

$$n(\overline{A} \cap \overline{B}) = n(\overline{A \cup B})$$
$$= n(U) - n(A \cup B)$$
$$= 200 - 93$$
$$= \mathbf{107}\ (\textbf{個})$$

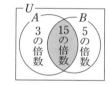

「かつ」は「∩」，
「または」は「∪」，
で表すよ。

⚠ **注意**　(1)，(2)では，1から200までに着目している倍数が何個あるのか，数え間違いのないようにする。200を割った商を求めてもよい。

研究　3つの集合の要素の個数

教科書
p.19

問題　1から100までの整数の集合を全体集合Uとし，その部分集合で2の倍数の集合をA，3の倍数の集合をB，7の倍数の集合をDとする。このとき，集合$A \cup B \cup D$の要素の個数を求めよ。

ガイド

ここがポイント

$$n(A \cup B \cup C) = n(A) + n(B) + n(C)$$
$$- n(A \cap B) - n(B \cap C) - n(C \cap A)$$
$$+ n(A \cap B \cap C)$$

解答　$n(A) = 50$，$n(B) = 33$，$n(A \cap B) = 16$ である。

Dは7の倍数の集合であるから，

$D = \{7 \cdot 1,\ 7 \cdot 2,\ 7 \cdot 3,\ \cdots\cdots,\ 7 \cdot 14\}$

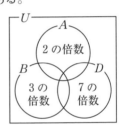

より，$n(D) = 14$

また，$B \cap D$は21の倍数の集合であるから，

$B \cap D = \{21 \cdot 1,\ 21 \cdot 2,\ 21 \cdot 3,\ 21 \cdot 4\}$

より，　$n(B \cap D) = 4$

$D \cap A$は14の倍数の集合であるから，

$D \cap A = \{14 \cdot 1,\ 14 \cdot 2,\ 14 \cdot 3,\ \cdots\cdots,\ 14 \cdot 7\}$

より，　$n(D \cap A) = 7$

公式を使うために，それぞれの集合の要素の個数を求めているね。

さらに，$A \cap B \cap D$は42の倍数の集合であるから，

$A \cap B \cap D = \{42 \cdot 1,\ 42 \cdot 2\}$

より，　$n(A \cap B \cap D) = 2$

よって，

$$n(A \cup B \cup D) = n(A) + n(B) + n(D) - n(A \cap B)$$
$$- n(B \cap D) - n(D \cap A) + n(A \cap B \cap D)$$
$$= 50 + 33 + 14 - 16 - 4 - 7 + 2$$
$$= \mathbf{72}\ (\text{個})$$

⚠注意　各集合の要素の個数を数え間違えないようにする。特に，大きな数のときは気をつけたい。

2 場合の数

☑ **問 4**　A, Bの2チームで試合を行い，先に3回勝った方を優勝とする。ただ
教科書
p.20　　し，この試合で引き分けはなく，優勝が決まればそれ以降の試合は行わな
い。このとき，優勝の決まり方は何通りあるか。

ガイド　起こり得るすべての場合を順序よく整理し，もれや重
複のないように場合の数を求める方法として，右のよう
な枝分かれした図を用いる方法もある。

このような図を**樹形図**という。

この問題では，Aが勝った場合をA，Bが勝った場合をBと表し，
試合結果を順に樹形図にかく。このように樹形図にかくマークを，問
題に応じてわかりやすく短いものにすると間違いが減る。

解答　Aが勝った場合を
A, Bが勝った場合を
Bと表し，優勝が決ま
るまでの試合結果を
順序よくすべてかき
上げると，右の図のよ
うになる。

よって，**20通り**。

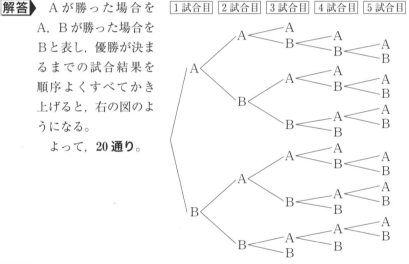

⚠**注意**　1つの場合の数を求めるのに複数の樹形図をかく場合もある。

☑ **問5**　大中小3個のさいころを投げるとき，出る目の和が6になる場合は何

教科書
p.20　通りあるか。

ガイド　和が6になるときの大中小のさいころの出る目を，一定の規則にし
たがって順序よくすべてかき上げる。

解答　和が6になるときの大中小のさいころの出る目を樹形図で表すと，
下の図のようになる。よって，　　**10通り**。

3 　和の法則

☑ **問6**　大小2個のさいころを投げるとき，出る目の和が6の倍数になる場合

教科書
p.21　の数を求めよ。

ガイド

> **ここがポイント 👉 [和の法則]**
>
> 事柄 A と事柄 B は同時には起こらないとする。A の起こり
> 方が m 通りあり，B の起こり方が n 通りあるとき，A または
> B が起こる場合の数は，**$m+n$ 通り** である。

　3つ以上の事柄についても，和の法則が同じように成り立つ。

解答　出る目の和は 2，3，4，……，12 になる場合があるから，和が6の
倍数になるのは，次の2つの場合である。

(i)　和が6になる場合　　　　(ii)　和が12になる場合

大	1	2	3	4	5
小	5	4	3	2	1

大	6
小	6

　(i)で5通り，(ii)で1通りの場合があり，(i)と(ii)は同時には起こらな
い。

　よって，出る目の和が6の倍数になる場合の数は和の法則により，

　　5+1＝6**（通り）**

⚠**注意**　各事柄が同時には起こらないことを確認してから和の法則を用いる。

□ **問7** 大小2個のさいころを投げるとき，出る目の和が4の倍数になる場合の数を求めよ。

教科書 **p.21**

ガイド 2以上12以下の数のうち4の倍数は，4，8，12の3個ある。

それぞれの場合について，目の出方が何通りあるかを調べて，和の法則にしたがってその合計を求めるとよい。

解答 出る目の和は2，3，4，……，12になる場合があるから，和が4の倍数になるのは，次の3つの場合である。

(i) 和が4になる場合

大	1	2	3
小	3	2	1

(ii) 和が8になる場合

大	2	3	4	5	6
小	6	5	4	3	2

(iii) 和が12になる場合

大	6
小	6

(i)で3通り，(ii)で5通り，(iii)で1通りの場合があり，(i)〜(iii)のうちどの2つも同時には起こらない。

よって，出る目の和が4の倍数になる場合の数は和の法則により，

3+5+1=9(**通り**)

4 積の法則

□ **問8** 4種類のケーキと3種類の飲み物から，それぞれ1種類ずつ選んでセットを作るとき，セットの種類は何通りあるか。

教科書 **p.22**

ガイド

ここがポイント [積の法則]

事柄Aの起こり方がm通りあり，そのそれぞれの場合に対して事柄Bの起こり方がn通りずつあるとする。このとき，A，Bがともに起こる場合の数は，$m \times n$**通り**である。

3つ以上の事柄についても，積の法則が同じように成り立つ。

解答 ケーキの4通りの選び方のどれを選んでも，そのそれぞれの場合に対して，飲み物の選び方は3通りずつある。よって，セットの種類は，　4×3=12(**通り**)

☐ **問9** 大中小3個のさいころを投げるとき，目の出方は何通りあるか。

教科書 p.22
- -

ガイド 積の法則を用いる。

解答 大のさいころの6通りの目のどれが出ても，そのそれぞれに対して，中のさいころの目の出方は6通りずつあり，さらにそれらに対して，小のさいころの目の出方は6通りずつある。

　よって，大中小3個のさいころの目の出方の場合の数は積の法則により，

$$6×6×6＝216（通り）$$

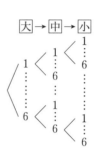

☐ **問10** 80の正の約数の個数を求めよ。

教科書 p.23
- -

ガイド 80を素因数分解して考えればよい。

解答 80を素因数分解すると，

$$80＝2^4×5$$

であるから，80の正の約数は，2^4の正の約数と5の正の約数の積で表される。

　2^4の正の約数は，

　　1，2，2^2，2^3，2^4 の5個

　5の正の約数は，

　　1，5の2個

　よって，80の正の約数の個数は積の法則により，

$$5×2＝10（個）$$

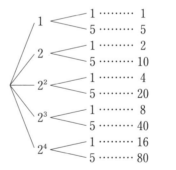

素因数分解を間違わないようにしよう。

節 末 問 題

 1

教科書
p.24

集合 A，B が全体集合 U の部分集合で，
$$n(U)=100,\ n(A)=65,\ n(B)=42,\ n(A\cap B)=17$$
であるとき，次の集合の要素の個数を求めよ。

(1)　$\overline{A}$ 　　　　　　　　　　(2)　$A\cup B$

(3)　$\overline{A}\cup\overline{B}$ 　　　　　　　　(4)　$\overline{A}\cap B$

 (3)　ド・モルガンの法則
$$\overline{A}\cup\overline{B}=\overline{A\cap B}\ \text{を用いる。}$$
(4)　$\overline{A}$ と B の共通部分であるから，右の図の色
をつけた部分になる。

解答 (1)　$n(\overline{A})=n(U)-n(A)=100-65=\mathbf{35}$

(2)　$n(A\cup B)=n(A)+n(B)-n(A\cap B)$
$$=65+42-17=\mathbf{90}$$

(3)　ド・モルガンの法則により，
$\overline{A}\cup\overline{B}=\overline{A\cap B}$ であるから，
$$n(\overline{A}\cup\overline{B})=n(\overline{A\cap B})$$
$$=n(U)-n(A\cap B)$$
$$=100-17=\mathbf{83}$$

(4)　$n(\overline{A}\cap B)=n(B)-n(A\cap B)$
$$=42-17=\mathbf{25}$$

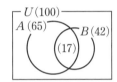

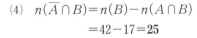 **2**

教科書
p.24

100 から 200 までの整数の集合を全体集合とするとき，次の集合の要
素の個数を求めよ。

(1)　4の倍数または5の倍数の集合

(2)　4の倍数でも5の倍数でもない数の集合

(3)　5の倍数ではない4の倍数の集合

 4の倍数の集合を A，5の倍数の集合を B とすると，求めるものは，

(1)　$n(A\cup B)$ 　　(2)　$n(\overline{A}\cap\overline{B})$ 　　(3)　$n(A\cap\overline{B})$

である。

(2)は，ド・モルガンの法則 $\overline{A}\cap\overline{B}=\overline{A\cup B}$ を用いる。

解答▶ 全体集合を U, その部分集合で4の倍数の集合を A, 5の倍数の集合を B とする。

(1) 4の倍数または5の倍数の集合は $A \cup B$ である。

$$A = \{4 \cdot 25, \ 4 \cdot 26, \ 4 \cdot 27, \ \cdots\cdots, \ 4 \cdot 50\}$$
$$B = \{5 \cdot 20, \ 5 \cdot 21, \ 5 \cdot 22, \ \cdots\cdots, \ 5 \cdot 40\}$$

であるから, $n(A) = 50 - 25 + 1 = 26$, $n(B) = 40 - 20 + 1 = 21$

4の倍数かつ5の倍数の集合は $A \cap B$ で, 100以上200以下の20の倍数の集合である。

$$A \cap B = \{20 \cdot 5, \ 20 \cdot 6, \ 20 \cdot 7, \ \cdots\cdots, \ 20 \cdot 10\}$$

したがって,

$$n(A \cap B) = 10 - 5 + 1 = 6$$

よって,

$$n(A \cup B) = n(A) + n(B) - n(A \cap B)$$
$$= 26 + 21 - 6 = \mathbf{41} \ (個)$$

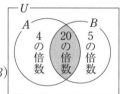

(2) 4の倍数でも5の倍数でもない数の集合は $\overline{A} \cap \overline{B}$ である。

また, $n(U) = 200 - 100 + 1 = 101$ で, ド・モルガンの法則により $\overline{A} \cap \overline{B} = \overline{A \cup B}$ であるから,

$$n(\overline{A} \cap \overline{B}) = n(\overline{A \cup B}) = n(U) - n(A \cup B)$$
$$= 101 - 41 = \mathbf{60} \ (個)$$

(3) 5の倍数ではない4の倍数の集合は $A \cap \overline{B}$ で, 4の倍数の集合から, 4の倍数かつ5の倍数を除いた数の集合である。

$$n(A \cap \overline{B}) = n(A) - n(A \cap B) = 26 - 6 = \mathbf{20} \ (個)$$

□ 3

教科書 **p.24**

大中小3個のさいころを投げるとき, 次の場合の数を求めよ。

(1) 出る目の和が7になる。

(2) 出る目の積が奇数になる。

(3) 出る目の積が偶数になる。

ガイド (1) 大のさいころの目によって場合分けをする。さいころの目は1〜6であるから, 大のさいころの目が6の場合はない。

(2) 目の積が奇数になるのは, 3個とも奇数の目が出たときである。

(3) 目の数の積が偶数になるのは, 目の積が奇数にならないときである。

解答▶ (1) 出る目の数の和が7になるのは，次の5つの場合である。

(ⅰ) 大のさいころの目が1の場合
　　右の表より，5通り

中	1	2	3	4	5
小	5	4	3	2	1

(ⅱ) 大のさいころの目が2の場合
　　右の表より，4通り

中	1	2	3	4
小	4	3	2	1

(ⅲ) 大のさいころの目が3の場合
　　右の表より，3通り

中	1	2	3
小	3	2	1

(ⅳ) 大のさいころの目が4の場合
　　右の表より，2通り

中	1	2
小	2	1

(ⅴ) 大のさいころの目が5の場合
　　右の表より，1通り

中	1
小	1

(ⅰ)〜(ⅴ)のうちどの2つも同時には起こらない。

　　よって，和の法則により，　$5+4+3+2+1=$ **15（通り）**

(2) 目の積が奇数になるのは，3個とも奇数の目が出たときである。

　　大のさいころの目の出方は1，3，5の3通りあり，そのそれぞれに対して，中のさいころの目の出方は1，3，5の3通りずつあり，さらにそれらに対して，小のさいころの目の出方は1，3，5の3通りずつある。

　　よって，積の法則により，　$3×3×3=$ **27（通り）**

(3) すべての目の出方は，それぞれのさいころの目の出方が6通りずつあるから，積の法則により，　$6×6×6=216$（通り）

　　目の積が偶数になるのは，目の積が奇数にならない場合であるから，　$216-27=$ **189（通り）**

□**4**
教科書
p.24

次の式を展開したときの項数を求めよ。

(1) $(a+b)(p+q+r)$

(2) $(a+b)(p+q)(x+y+z)$

ガイド (1) 文字の選び方は，$(a+b)$で2通り，$(p+q+r)$で3通りある。

(2) 文字の選び方は，$(a+b)$で2通り，$(p+q)$で2通り，$(x+y+z)$で3通りある。

解答▶ (1) $(a+b)$ から1文字を選ぶ選び方は2通りあり、そのそれぞれに対して、$(p+q+r)$ から1文字を選ぶ選び方は3通りずつある。

　また、与式にどの文字も1つずつしかないから、展開したときの項はすべて異なる。

　よって、展開したときの項数は、積の法則により、
$$2 \times 3 = 6$$

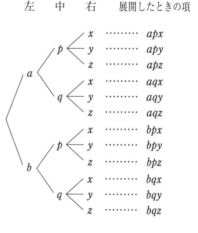

　　　左　　右　　展開したときの項
$$a \begin{cases} p & \cdots\cdots ap \\ q & \cdots\cdots aq \\ r & \cdots\cdots ar \end{cases}$$
$$b \begin{cases} p & \cdots\cdots bp \\ q & \cdots\cdots bq \\ r & \cdots\cdots br \end{cases}$$

(2) $(a+b)$ から1文字を選ぶ選び方は2通りあり、そのそれぞれに対して、$(p+q)$ から1文字を選ぶ選び方は2通りずつあり、さらにそれらに対して、$(x+y+z)$ から1文字を選ぶ選び方は3通りずつある。

　また、与式にどの文字も1つずつしかないので、展開したときの項はすべて異なる。

　よって、展開したときの項数は、積の法則により、
$$2 \times 2 \times 3 = 12$$

　　左　中　右　展開したときの項
$$a \begin{cases} p \begin{cases} x & \cdots apx \\ y & \cdots apy \\ z & \cdots apz \end{cases} \\ q \begin{cases} x & \cdots aqx \\ y & \cdots aqy \\ z & \cdots aqz \end{cases} \end{cases}$$
$$b \begin{cases} p \begin{cases} x & \cdots bpx \\ y & \cdots bpy \\ z & \cdots bpz \end{cases} \\ q \begin{cases} x & \cdots bqx \\ y & \cdots bqy \\ z & \cdots bqz \end{cases} \end{cases}$$

⚠注意 どの文字も1つずつしかないから、展開したときの項はすべて異なり、加法によって項数が減ることはない。

第2節 順列・組合せ

1 順　列

☐ **問11** $_8\mathrm{P}_3$, $_6\mathrm{P}_4$ の値を求めよ。

教科書 **p.26**

ガイド いくつかのものを順序を考えて1列に並べたものを**順列**という。
一般に，$r \leqq n$ のとき，異なるn個のものからr個を取り出して1列に並べたものを，**n個からr個とる順列**といい，その総数を $_n\mathrm{P}_r$ で表す。

> **ここがポイント** ☞ ［順列の総数］
> $$_n\mathrm{P}_r = \underbrace{n(n-1)(n-2)\cdots\cdots(n-r+1)}_{r個の積}$$

解答 $_8\mathrm{P}_3 = 8 \cdot 7 \cdot 6 = 336$　　$_6\mathrm{P}_4 = 6 \cdot 5 \cdot 4 \cdot 3 = 360$

参考 $_n\mathrm{P}_r$ のPは，permutation（順列）に由来する。

☐ **問12** 1から50までの整数を1つずつ書いた50枚のカードがある。この50枚の中から2枚を引いて1列に並べるとき，その並べ方は何通りあるか。

教科書 **p.26**

ガイド 50枚から2枚を引いて1列に並べる順列である。

解答 50枚から2枚を引いて，1列に並べる順列と考えられるから，その総数は，　　$_{50}\mathrm{P}_2 = 50 \cdot 49 = 2450$ **（通り）**

☐ **問13** 6つの文字a, b, c, d, e, fをすべて1列に並べるとき，その並べ方は何通りあるか。

教科書 **p.27**

ガイド $_n\mathrm{P}_r$ において，$r=n$ のときは，$_n\mathrm{P}_n = n(n-1)(n-2)\cdots\cdots \cdot 3 \cdot 2 \cdot 1$ となり，右辺は1からnまでの自然数の積になる。この数をnの**階乗**といい，**$n!$** で表す。

　　　　$_n\mathrm{P}_n = n!$

このことから，次のようにいえる。

　　　異なるn個のものをすべて並べる順列の総数は，　　$n!$通り

6つの文字をすべて1列に並べるから，6の階乗を求める。

解答 $6!=6\cdot5\cdot4\cdot3\cdot2\cdot1=720$（通り）

> **ポイント プラス** 👉
>
> 階乗の記号！を使うと，$1\leqq r<n$ のとき，${}_nP_r$ は次のように書ける。
>
> $$ {}_nP_r=\frac{n!}{(n-r)!} $$
>
> $r=n$ のときにも成り立つように，$0!=1$ と定める。
> また，$r=0$ のときにも成り立つように，${}_nP_0=1$ と定める。

□ **問14** 男子3人，女子3人が1列に並ぶとき，次のような並び方は何通りあるか。

教科書
p.27

(1) 女子が両端にくる。　　　　　(2) 男子3人が続いて並ぶ。

- -

ガイド 男子を A，B，C，女子を a，b，c とする。

(1) 両端に女子が入り，間の4つに残り4人が入る。

┌ a, b, c から2人 ┐
□ ○○○○ □
残り4人

(2) 男子3人 ABC を1人の人と考える。ただし，それぞれの場合について1人の人とみなした男子3人の並び方も忘れないようにする。

解答 (1) 両端の女子の並び方は，女子3人から2人を選んだときの並び方で，${}_3P_2$ 通りある。

そのそれぞれに対して，残りの4人の並び方は ${}_4P_4$ 通りずつある。

よって，女子が両端にくる並び方の総数は積の法則により，

$${}_3P_2\times{}_4P_4=3\cdot2\times4\cdot3\cdot2\cdot1=6\times24=144\,（通り）$$

(2) 続いて並ぶ男子3人を1人の人とみなして4人が並ぶと考えると，その並び方は ${}_4P_4$ 通りある。

そのそれぞれに対して，男子3人の並び方は ${}_3P_3$ 通りずつある。

よって，男子3人が続いて並ぶ並び方の総数は積の法則により，

$${}_4P_4\times{}_3P_3=4\cdot3\cdot2\cdot1\times3\cdot2\cdot1=24\times6=144\,（通り）$$

> 続いて並ぶもの
> 隣り合って並ぶもの
> は1つとみなせ！

☑ **問15** 6個の数字 0, 1, 2, 3, 4, 5 から，異なる4個を並べて4桁の整数を

教科書
p.28
作るとき，次のような整数はいくつできるか。

(1) 奇数 (2) 5の倍数

- -

ガイド 4桁の整数であるから，千の位は0以外である。

(1) 奇数であるから，一の位の数は奇数である。

(2) 5の倍数であるから，一の位は0, 5のいずれかである。

解答 (1) 奇数であるから，一の位は1, 3, 5のいずれかである。一の位
が1, 3, 5のとき，千の位は0以外であるから，0と一の位の数字
を除いた4通りある。

そのそれぞれに対して，百，十の位の数字の並べ方は $_4P_2$ 通り
ある。

よって，積の法則により，
$$3 \times 4 \times {}_4P_2 = 3 \times 4 \times 4 \cdot 3 = 144 \text{ (個)}$$

(2) 5の倍数であるから，一の位は0, 5のいずれかである。

  (i) 一の位が0のとき

    千，百，十の位の数字の並べ方は $_5P_3$ 通りある。

  (ii) 一の位が5のとき

    千の位は0と5以外の4通りある。そのそれぞれに対し
て，百，十の位の数字の並べ方は $_4P_2$ 通りある。

    よって，積の法則により， $4 \times {}_4P_2$ (個)

(i), (ii)より，求める個数は和の法則により，
$$_5P_3 + 4 \times {}_4P_2 = 5 \cdot 4 \cdot 3 + 4 \times 4 \cdot 3 = 108 \text{ (個)}$$

2 円順列と重複順列

☑ **問16** 6個の文字 a, b, c, d, e, f を円形に並べるとき, その並べ方は何通

教科書
p.29 りあるか。

ガイド 　一般に, 回転して一致する並び方を同じものと考え, 異なるn個の
ものを円形に並べたものを**円順列**という。その総数は, 次のようにな
る。

> **ここがポイント** 👉 [円順列の総数]
>
> 異なるn個を並べる円順列の総数は, 　$\dfrac{_n\mathrm{P}_n}{n}=(n-1)!$（通り）

解答 　異なる6個のものを円形に並べる円順列であるから,
$$(6-1)!=5!=5\cdot4\cdot3\cdot2\cdot1=120\,(\textbf{通り})$$

☑ **問17** 男子3人, 女子3人が円卓につくとき, 女子3人

教科書
p.30 が隣り合う並び方は何通りあるか。

ガイド 　女子3人を1人の人と考え, 4人の円順列を考える。ただし, 本書
p.26 **問14** と同様に, それぞれの場合について, 1人の人とみなし
た女子3人の並び方も忘れないようにする。

解答 　隣り合う女子3人を1人の人とみなして, 4人の円順列を考えると,
その並び方は, $(4-1)!$ 通りある。
　そのそれぞれに対して, 女子3人の並び方が $3!$ 通りずつある。
　よって, 求める並び方の総数は積の法則により,
$$(4-1)!\times3!=3\cdot2\cdot1\times3\cdot2\cdot1=36\,(\textbf{通り})$$

✓ **問18** 次の5個の数字を使って，4桁の整数はいくつできるか。ただし，同

教科書
p.31　じ数字を何度使ってもよいものとする。

　(1)　1, 2, 3, 4, 5 の 5 個の数字

　(2)　0, 1, 2, 3, 4 の 5 個の数字

- -

ガイド　一般に，異なる n 個のものから同じものを何度使ってもよいものと

して，r 個を取り出して1列に並べたものを，**n 個から r 個とる重複
順列**といい，その総数は，次のようになる。

> **ここがポイント** 👉 **[重複順列の総数]**
>
> n 個から r 個とる重複順列の総数は，
>
> 　　n^r 通り
>
> $$\underbrace{n \times n \times n \times \cdots\cdots \times n}_{r \text{個の積}}$$

解答　(1)　5個から4個とる重複順列であるから，

　　　　　　$5^4 = 625$（**個**）

　(2)　千の位に入る数字は0以外の4通りあり，

　　そのそれぞれに対して百，十，一の位に入

　　る数字はそれぞれ5通りずつあるから，積

　　の法則により，　$4 \times 5^3 = 500$（**個**）

「何度使ってもよい」
は重複順列だよ。

⚠**注意**　(2)　千の位の数字を0にすると，4桁の整数

　　にならないから，注意が必要である。

- -

✓ **問19** 7人の生徒を，2つの部屋 P, Q に次のように入れる方法は何通りあ

教科書
p.31　るか。

　(1)　1人も入らない部屋があってもよい。

　(2)　どの部屋にも少なくとも1人は入る。

- -

ガイド　7人の生徒について，それぞれPとQの2通りずつの選び方がある。

解答　(1)　7人の生徒はPまたはQのいずれかの部屋に入るから，1人に

　　ついて2通りずつの場合がある。

　　　　よって，7人の生徒をPまたはQの部屋に入れる方法の総数

　　は，　$2^7 = 128$（**通り**）

　(2)　(1)のうち，Pの部屋に7人すべてが入る場合，Qの部屋に7人

　　すべてが入る場合の2通りを除けばよい。

　　　　よって，　$128 - 2 = 126$（**通り**）

3 組合せ

□ 問20 ▶ 次の値を求めよ。

教科書
p.33
(1) $_5C_2$ 　　　(2) $_8C_4$ 　　　(3) $_7C_1$ 　　　(4) $_6C_6$

ガイド 　いくつかのものを取り出して，並べる順序を考えずに1組にしたものを**組合せ**という。

一般に，$r \leqq n$ のとき，異なる n 個のものから r 個を取り出して1組としたものを，**n 個から r 個とる組合せ**といい，その総数を $_nC_r$ で表す。

> **ここがポイント** ☞ [組合せの総数]
>
> $$_nC_r = \frac{_nP_r}{r!} = \frac{n(n-1)(n-2)\cdots(n-r+1)}{r(r-1)(r-2)\cdots 1}$$

$$_{\boxed{5}}C_{②} = \frac{\boxed{5}\cdot 4}{②\cdot 1} \quad \leftarrow \boxed{5} \text{ から始めて②個掛ける。}$$
$$\leftarrow ②!$$

解答 ▶

(1) $_5C_2 = \dfrac{5\cdot 4}{2\cdot 1} = 10$

(2) $_8C_4 = \dfrac{8\cdot 7\cdot 6\cdot 5}{4\cdot 3\cdot 2\cdot 1} = 70$

(3) $_7C_1 = \dfrac{7}{1} = 7$

(4) $_6C_6 = \dfrac{6\cdot 5\cdot 4\cdot 3\cdot 2\cdot 1}{6\cdot 5\cdot 4\cdot 3\cdot 2\cdot 1} = 1$

$_nC_r = \dfrac{_nP_r}{r!}$
分子は n 個から r 個とって並べる順列の総数，分母は $r!$

> **ポイント プラス** ☞
>
> $$_nC_r = \frac{n!}{r!(n-r)!}$$
>
> $r=0$ のときにも成り立つように，$_nC_0 = 1$ と定める。

参考 　$_nC_r$ の C は，combination（組合せ）に由来する。

$0 \leqq r \leqq n$ のときに $_nC_r$ が使えるようになったね。

☑ **問21**　$_nC_r = {}_nC_{n-r}$ を用いて，$_8C_6$，$_{10}C_7$ の値を求めよ。

教科書
p.33

ガイド　一般に，n 個から r 個とる組合せの総数は，n 個から $n-r$ 個とる組合せの総数に等しい。

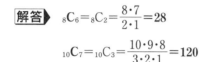

$$_nC_r = {}_nC_{n-r}$$

解答　$_8C_6 = {}_8C_2 = \dfrac{8 \cdot 7}{2 \cdot 1} = 28$

$_{10}C_7 = {}_{10}C_3 = \dfrac{10 \cdot 9 \cdot 8}{3 \cdot 2 \cdot 1} = 120$

$_nC_r = {}_nC_{n-r}$
r が大きい数のとき，利用しよう！

☑ **問22**　正八角形について，次の問いに答えよ。

教科書
p.34
(1)　8個の頂点のうち，4点を結んでできる四角形の個数を求めよ。

(2)　正八角形の対角線の本数を求めよ。

ガイド　(1)　8個の頂点はどの3点も一直線上にないから，8個の頂点のうち異なる4点を選べば四角形が1個できる。

(2)　8個の頂点のうち，2点を選んで結ぶ線分の本数から，正八角形の辺の数を除けば，対角線の本数が求められる。

解答　(1)　$_8C_4 = \dfrac{8 \cdot 7 \cdot 6 \cdot 5}{4 \cdot 3 \cdot 2 \cdot 1} = 70$（個）

(2)　8個の頂点のうち，2点を選んで結ぶ線分の本数は $_8C_2$（本），正八角形の辺の数は8本だから，対角線の本数は，

$$_8C_2 - 8 = \dfrac{8 \cdot 7}{2 \cdot 1} - 8 = 28 - 8 = 20 \,（\text{本}）$$

別解　(2)　各頂点からは5本の対角線が引ける。

8個の頂点からは，合計 $5 \times 8 = 40$（本）引けるが，線分 AC と CA のように同じ対角線を2度数えているから，求める対角線の本数は，

$$\dfrac{40}{2} = 20 \,（\text{本}）$$

☑ **問23**　男子5人，女子6人の中から5人を選ぶとき，次の問いに答えよ。

教科書
p.34
(1)　男子から2人，女子から3人を選ぶ選び方は何通りあるか。

(2)　女子から少なくとも1人を選ぶ選び方は何通りあるか。

- -

ガイド　(2)　11人から5人を選ぶ組合せから，男子5人を選ぶ組合せを除けばよい。

解答　(1)　男子5人から2人を選ぶ組合せは，$_5C_2$ 通り

女子6人から3人を選ぶ組合せは，$_6C_3$ 通り

よって，選び方の総数は積の法則により，

$$_5C_2 \times {}_6C_3 = \frac{5 \cdot 4}{2 \cdot 1} \times \frac{6 \cdot 5 \cdot 4}{3 \cdot 2 \cdot 1} = 200 \,(\textbf{通り})$$

(2)　11人から5人を選ぶ組合せは，$_{11}C_5$ 通り

5人とも男子を選ぶ組合せは，$_5C_5$ 通り

よって，選び方の総数は，

$$_{11}C_5 - {}_5C_5 = \frac{11 \cdot 10 \cdot 9 \cdot 8 \cdot 7}{5 \cdot 4 \cdot 3 \cdot 2 \cdot 1} - 1 = 461 \,(\textbf{通り})$$

☑ **問24**　8人の生徒を，次のように分ける方法は何通りあるか。

教科書
p.35
(1)　4つの部屋 P，Q，R，S に2人ずつ入るように分ける。

(2)　2人ずつの4つの組に分ける。

- -

ガイド　(1)　組合せの考えを用いて，P，Q，R，S の順に2人ずつ選べばよい。

(2)　8人の生徒を a, b, c, d, e, f, g, h とし，(ア){a, b}，(イ){c, d}，(ウ){e, f}，(エ){g, h} とすると，これらの組分けに対する部屋の分け方は右の図のようになる。

(1)の分け方で，右の図の数だけある，P，Q，R，S の区別をなくすと考えればよい。

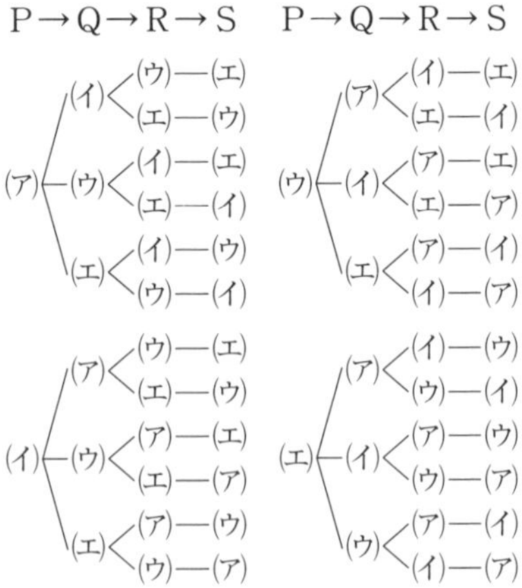

解答▶ (1)　8人の中から，Pに入る2人の選び方は $_8C_2$ 通り，残り6人の
中からQに入る2人の選び方は $_6C_2$ 通り，さらに残り4人の中か
らRに入る2人の選び方は $_4C_2$ 通りある。

P，Q，Rに入る6人が決まれば，Sに残りの2人が入る。

よって，分け方の総数は積の法則により，

$$_8C_2\times_6C_2\times_4C_2\times_2C_2=\frac{8\cdot7}{2\cdot1}\times\frac{6\cdot5}{2\cdot1}\times\frac{4\cdot3}{2\cdot1}\times1=2520\,(\text{通り})$$

(2)　(1)の分け方において，P，Q，R，Sの区別をなくすと，同じ組
分けが 4! 通りずつできるから，

$$\frac{2520}{4!}=105\,(\text{通り})$$

- -

テクニック　分けたグループに名前(区別)がなければ，分けたグループが区別
できない。そこで，P，Q，R，Sの区別をつけた分け方の総数を重複
分で割れば，区別しない場合の数が求められる。

問25　7人の生徒を，2人，2人，3人の3つの組に分ける方法は何通りある
か。

教科書 **p.35**

ガイド　2人の組をP，Q，3人の組をRと考え，2人の組の区別をなくすと，
同じ組分けが 2! 通りずつできる。

解答▶　2人の組をP，Q，3人の組をRとすると，P，Q，Rに分ける分け
方の総数は積の法則により，

$$_7C_2\times_5C_2\times_3C_3=\frac{7\cdot6}{2\cdot1}\times\frac{5\cdot4}{2\cdot1}\times1=210\,(\text{通り})$$

ここで，P，Qの区別をなくすと同じ組分けが 2! 通りずつできるか
ら，

$$\frac{210}{2!}=105\,(\text{通り})$$

4 同じものを含む順列

問26 1, 1, 1, 1, 2, 2, 2, 3 の8個の数字を1列に並べるとき, 8桁の整数
教科書
p.37 はいくつできるか。

ガイド

ここがポイント 👉 [同じものを含む順列の総数]

全部でn個のものがあって, そのうち, aがp個, bがq個,
cがr個, …… のとき, これらを1列に並べる並べ方の総数は,

$$\frac{n!}{p!\,q!\,r!\cdots}$$　　ただし, $n=p+q+r+\cdots$

1が4個, 2が3個, 3が1個の合計8個あるから, 上の公式で,
$n=8$, $p=4$, $q=3$, $r=1$ と考えればよい。

解答 $\dfrac{8!}{4!\,3!\,1!}=\dfrac{8\cdot7\cdot6\cdot5\cdot4\cdot3\cdot2\cdot1}{4\cdot3\cdot2\cdot1\times3\cdot2\cdot1\times1}=280$ (個)

別解 1列に並んだ8つの場所に数字を入れる方法を考えると, まず, 1
を入れる場所の選び方は $_8C_4$ 通り, 次に2を入れる場所の選び方は
$_4C_3$ 通りある。最後に残り1つの場所に3を入れる。
したがって, 求める整数の個数は, 積の法則により,
　　$_8C_4\times_4C_3\times_1C_1=280$ (個)

問27 右の図のように, 東西に5本, 南北に6本
教科書
p.38 の格子状の道がある。これらの道を通って
最短距離でAからBへ行くとき, 次のような
道順は全部で何通りあるか。

(1) どのような道順でもよい場合
(2) Cを通る場合

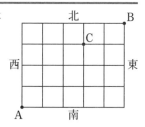

ガイド (1) AからBへの最短経路は, 東へ5区画, 北へ4区画進むときで
ある。

(2) AからCまでとCからBまでに分けて考える。
AからCへの最短経路は, 東へ3区画, 北へ3区画進むとき,
CからBへの最短経路は東へ2区画, 北へ1区画進むときである。

第
1
章

場合の数と確率

解答▶　東へ1区画進むことを→，北へ1区画進むことを↑で表す。

(1)　求める道順は，5個の→と4個の↑の順列で表されるから，

$$\frac{9!}{5!4!}=126\,(通り)$$

(2)　AからCまでは，3個の→と3個の↑の順列で，$\dfrac{6!}{3!3!}$ 通り

CからBまでは，2個の→と1個の↑の順列で，$\dfrac{3!}{2!1!}$ 通り

よって，積の法則により，$\dfrac{6!}{3!3!}\times\dfrac{3!}{2!1!}=20\times3=60\,(通り)$

別解▶　(1)　5個の→と4個の↑を入れる9個の場所から，→を入れる5個

の場所を選ぶと考えて，$_9C_5=\,_9C_4=\dfrac{9\cdot8\cdot7\cdot6}{4\cdot3\cdot2\cdot1}=126\,(通り)$

(2)　AからCまでは，3個の→と3個の↑を入れる6個の場所から，
→を入れる3個の場所を選ぶと考えて，$_6C_3$ 通り

CからBまでは，2個の→と1個の↑を入れる3個の場所から，
→を入れる2個の場所を選ぶと考えて，$_3C_2$ 通り

よって，積の法則により，$_6C_3\times\,_3C_2=60\,(通り)$

研究〉　重複を許してとる組合せ

☑問題1　りんご，みかん，かき，バナナの4種類の果物を合わせて8個選ぶ選び

教科書
p.39

方は何通りあるか。ただし，選ばない果物があってもよいものとする。

ガイド　例えば，(りんご)(りんご)|(みかん)|(かき)(かき)(かき)|(バナナ)
(バナナ) と選ぶとすると，この組合せは，8個の○に3個の | を1列
に並べる順列に対応する。

解答▶　求める組合せの総数は，8個の○と3個の | を1列に並べる順列の
総数に等しいから，○と | について同じものを含む順列を用いて，

$$\frac{11!}{8!3!}=165\,(通り)$$

別解▶　○と | を合わせた11個の場所から，○を入れる8個の場所を選ぶ

選び方の総数と等しいから，$_{11}C_8=\,_{11}C_3=\dfrac{11\cdot10\cdot9}{3\cdot2\cdot1}=165\,(通り)$

☑問題2 方程式 $x+y+z=7$ を満たす0以上の整数 x, y, z の組は何通りある

教科書 p.39　か。

- -

ガイド 例えば，$x+y+z=7$ を満たす解 $x=2$, $y=2$, $z=3$ を，x, x, y, y, z, z, z に対応させると，それぞれの文字の個数がその文字の値に対応し，x, y, z の文字の個数が7個になる。

解答 7個の○と2個の｜を1列に並べる順列の総数に等しいから，

$$\frac{9!}{7!\,2!}=36\,(通り)$$

別解 ○と｜を合わせた9個の場所から，○を入れる7個の場所を選ぶ選び方の総数と等しいから，　$_9C_7=_9C_2=\dfrac{9\cdot 8}{2\cdot 1}=36\,(通り)$

節末問題

第2節｜順列・組合せ

☑1 男子4人，女子4人が次のように並ぶとき，その並び方は何通りある

教科書 p.40　か。

(1) 男女が交互になるように1列に並ぶ。

(2) 男女が交互になるように輪になって並ぶ。

ガイド (1) 男女男女男女男女と，女男女男女男女男の2通りある。それぞれに対しての，男子の並び方，女子の並び方を考える。

(2) まず，男子4人が輪になる並び方を考え，女子はその間に1人ずつ入ると考える。

解答 (1) 男女が交互に並ぶときの並び方は，2通りあり，それぞれに対しての男子の並び方，女子の並び方は，それぞれ $_4P_4$ 通り。
積の法則により，　$2\times _4P_4\times _4P_4=2\times 4!\times 4!=1152\,(通り)$

(2) 男子4人が輪になる並び方は，$(4-1)!$ 通りあり，それぞれに対して，女子4人は男子の間の4か所に1人ずつ入るから，女子の並び方は，4! 通り。
よって，積の法則により，　$(4-1)!\times 4!=3!\times 4!=144\,(通り)$

☑ **2**
教科書
p.40

集合 $\{a,\ b,\ c,\ d,\ e\}$ の部分集合の個数を求めよ。

ガイド $a,\ b,\ c,\ d,\ e$ それぞれについて，部分集合に含まれる，含まれない の2通りが考えられる。

解答 $a,\ b,\ c,\ d,\ e$ それぞれについて，部分集合に含まれる，含まれな いの2通りずつあるから，部分集合の個数は，　　$2^5 = 32$ **(個)**

☑ **3**
教科書
p.40

1から9までの整数から異なる3つの数を取り出すとき，次のような 場合の数は何通りあるか。
(1)　奇数を少なくとも1つ含む。　　(2)　最大の数が6になる。

ガイド (1)　3つとも偶数となる取り出し方を考え，全体から引いて求める。
(2)　最大の数が6となるのは，6と，1～5の中から2個取り出す 場合である。

解答 (1)　9つの数から3つを取り出す取り出し方は，

$$_9C_3 = \frac{9 \cdot 8 \cdot 7}{3 \cdot 2 \cdot 1} = 84\,(通り)$$

3つとも偶数となる（奇数を1つも含まない）場合は，

$$_4C_3 = {_4}C_1 = 4\,(通り)$$

よって，求める場合の数は，　　$84 - 4 = 80$ **(通り)**
(2)　6と，1～5の中から2個を取り出す場合であるから，

$$_5C_2 = \frac{5 \cdot 4}{2 \cdot 1} = 10\,(通り)$$

別解 (2)　1～6の中から3個取り出す場合から，1～5の中から3個取 り出す場合を除くと考えてもよい。

$$_6C_3 - {_5}C_3 = 20 - 10 = 10\,(通り)$$

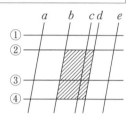

教科書
p.40

□4　右の図のように，4本の平行線が他の5本の平行線と交わっている図形がある。このとき，次の問いに答えよ。

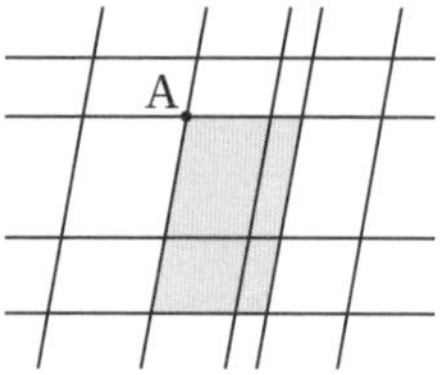

(1) 図形の中に，平行四辺形はいくつあるか。

(2) 平行線上に，右の図のように点Aをとる。

このとき，点Aを1つの頂点とする平行四辺形はいくつあるか。

ガイド (1) 右の図の斜線をつけた平行四辺形は，横の2本の平行線②，④と縦の2本の平行線 b，d とでできている。

すなわち，横2本と縦2本の平行線を選ぶごとに1つの平行四辺形が決まる。

(2) 1つの頂点Aが決まっているから，Aを通らない横と縦の平行線から残りの2本をそれぞれ選ぶ。

解答 (1) 横の4本の平行線から2本，縦の5本の平行線から2本をそれぞれ選ぶと，平行四辺形が1個できる。

横の4本の平行線から2本選ぶ組合せは，$_4C_2$ 通り

縦の5本の平行線から2本選ぶ組合せは，$_5C_2$ 通り

したがって，選び方の総数は積の法則により，

$$_4C_2 \times _5C_2 = \frac{4 \cdot 3}{2 \cdot 1} \times \frac{5 \cdot 4}{2 \cdot 1} = 60 \,(通り)$$

よって，平行四辺形は **60個**ある。

(2) 右の図の直線②，b に加えて，横の4本の平行線のうちAを通らない3本から1本選び，縦の5本の平行線のうちAを通らない4本から1本選ぶと，点Aを1つの頂点とする平行四辺形が1個できる。

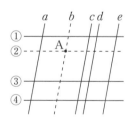

よって，求める平行四辺形の個数は積の法則により，

$$_3C_1 \times _4C_1 = 3 \times 4 = 12 \,(個)$$

☐ **5**
教科書
p.40

9人の生徒を，次のように分ける方法は何通りあるか。

(1)　2人，3人，4人の3つの組に分ける。

(2)　3人ずつの3つの組に分ける。

(3)　2人，2人，5人の3つの組に分ける。

ガイド　(2)　3人ずつの3組を P，Q，R と考え，組の区別をなくすと考える。

(3)　2人ずつの組を P，Q，5人の組を R と考え，P，Q の区別をなくすと考える。

解答　(1)　積の法則により，

$$_9C_2 \times _7C_3 \times _4C_4 = \frac{9 \cdot 8}{2 \cdot 1} \times \frac{7 \cdot 6 \cdot 5}{3 \cdot 2 \cdot 1} \times 1 = 1260 \text{(通り)}$$

(2)　3人ずつの3組を P，Q，R とすると，P，Q，R に分ける分け方は積の法則により，　$_9C_3 \times _6C_3 \times _3C_3$（通り）

P，Q，R の区別をなくすと，同じ組分けが 3! 通りずつできるから，　$\dfrac{_9C_3 \times _6C_3 \times _3C_3}{3!} = \dfrac{9 \cdot 8 \cdot 7}{3 \cdot 2 \cdot 1} \times \dfrac{6 \cdot 5 \cdot 4}{3 \cdot 2 \cdot 1} \times 1 \times \dfrac{1}{3 \cdot 2 \cdot 1} = 280$（通り）

(3)　2人ずつの2組を P，Q，5人の組を R とすると，P，Q，R に分ける分け方は積の法則により，　$_9C_2 \times _7C_2 \times _5C_5$（通り）

P，Q の区別をなくすと，同じ組分けが 2! 通りずつできるから，

$$\frac{_9C_2 \times _7C_2 \times _5C_5}{2!} = \frac{9 \cdot 8}{2 \cdot 1} \times \frac{7 \cdot 6}{2 \cdot 1} \times 1 \times \frac{1}{2 \cdot 1} = 378 \text{(通り)}$$

☐ **6**
教科書
p.40

赤玉，青玉，白玉が，それぞれ3個，4個，2個ある。このとき，赤玉3個が続いて並ぶように1列に並べる並べ方は何通りあるか。ただし，同じ色の玉は区別しないものとする。

ガイド　赤玉3個を1つのものとして考えて並べる。同じ色の玉は区別しないため，3個の赤玉の並べ方は考えなくてよい。

解答　続いて並ぶ赤玉3個を1つのものとみなして，残りの青玉4個，白玉2個との計7個を並べる方法は，

$$\frac{7!}{1!4!2!} = 105 \text{(通り)}$$

第3節 確率と期待値

1 事象と確率

問28 1個のさいころを投げるとき，3の倍数の目が出る確率を求めよ。

教科書
p.42
- -

ガイド さいころを投げる場合のように，同じ条件のもとで繰り返すことができる実験や観測を**試行**といい，試行の結果起こる事柄を**事象**という。

　1つの試行において，起こり得る結果全体の集合 U を**全事象**，U のただ1つの要素からなる部分集合を**根元事象**という。また，空集合 $\emptyset$ も U の部分集合であり，$\emptyset$ で表される事象を**空事象**という。

　全事象は必ず起こる事象，空事象は決して起こらない事象である。

　ある事象の起こることが期待される程度を表す数値を，その事象の**確率**といい，事象 A の確率を $P(A)$ で表す。

　1つの試行において，どの根元事象が起こることも同じ程度に期待できるとき，これらの根元事象は**同様に確からしい**という。

　根元事象がすべて同様に確からしい試行において，全事象 U に含まれる根元事象の個数を $n(U)$，事象 A に含まれる根元事象の個数を $n(A)$ とするとき，$P(A)$ を次のように定める。

> **ここがポイント** ☞ **[確率の定義]**
> 根元事象がすべて同様に確からしい試行において，
> $$P(A)=\frac{n(A)}{n(U)}=\frac{\text{事象 } A \text{ の起こる場合の数}}{\text{起こり得るすべての場合の数}}$$

解答 全事象を U，「3の倍数の目が出る」という事象を A とすると，
$$U=\{1,\ 2,\ 3,\ 4,\ 5,\ 6\},\quad A=\{3,\ 6\}$$
であるから，　$P(A)=\dfrac{n(A)}{n(U)}=\dfrac{2}{6}=\dfrac{1}{3}$

問29 当たりくじが2本入っている7本のくじから1本を引くとき，当たりが出る確率を求めよ。

教科書
p.42
- -

ガイド 当たりくじを A_1，A_2 とし，はずれのくじを B_1，B_2，B_3，B_4，B_5 として考える。

解答　当たりくじを A_1，A_2 とし，はずれのくじを B_1，B_2，B_3，B_4，B_5 として，全事象を U，「当たりが出る」という事象を A とすると，
$$U=\{A_1,\ A_2,\ B_1,\ B_2,\ B_3,\ B_4,\ B_5\},\ \ A=\{A_1,\ A_2\}$$
であるから，　$P(A)=\dfrac{n(A)}{n(U)}=\dfrac{2}{7}$

問30　2枚の硬貨を同時に投げるとき，表と裏が1枚ずつ出る確率を求めよ。

教科書
p.43

- -

ガイド　表を○，裏を×で表すと，2枚の硬貨の表裏の出方は，
　　　　○○，○×，×○，××
となる。

解答　表を○，裏を×で表すと，2枚の硬貨の表裏の出方は全部で4通りあり，これらは同様に確からしい。
　　このうち，表と裏が1枚ずつ出る場合は，○×，×○の2通りである。
　　よって，求める確率は，　$\dfrac{2}{4}=\dfrac{1}{2}$

問31　3枚の硬貨を同時に投げるとき，次の事象の確率を求めよ。

教科書
p.43

(1)　1枚だけ表が出る。　　　　　(2)　2枚以上表が出る。

- -

ガイド　表を○，裏を×で表すと，3枚の硬貨の表裏の出方は，
　　　　○○○，○○×，○×○，×○○，
　　　　○××，×○×，××○，×××
となる。

解答　表を○，裏を×で表すと，3枚の硬貨の表裏の出方は全部で8通りあり，これらは同様に確からしい。

(1)　1枚だけ表が出る場合は，○××，×○×，××○の3通りであるから，求める確率は，　$\dfrac{3}{8}$

(2)　2枚以上表が出る場合は，○○○，○○×，○×○，×○○の4通りであるから，求める確率は，　$\dfrac{4}{8}=\dfrac{1}{2}$

☐ **問32** A, B, C, D, E, F の6人が, くじ引きにより横1列に並んだ6つの
教科書 席に座るとき, A と B が隣り合う確率を求めよ。
p.43
- -

ガイド A, B を1人とみた5人の並び方として考える。それぞれの場合に
ついての A, B の並び方も忘れないように注意する。

解答 6人の並び方は, $_6P_6$ 通りあり, これらは同様に確からしい。

A, B を1人とみなすと, 5人の並び方は, $_5P_5$ 通り

また, そのそれぞれについて, A, B の並び方は, $_2P_2$ 通り

よって, 求める確率は, $\dfrac{_5P_5 \times _2P_2}{_6P_6} = \dfrac{5! \times 2!}{6!} = \dfrac{1}{3}$

☐ **問33** 1, 2, 3, 4, 5 を1つずつ書いた5枚のカードがある。この中から2枚
教科書 を同時に引くとき, 偶数が書かれたカード2枚を引く確率を求めよ。
p.44
- -

ガイド 同時に引くため, 2枚を引く順序は考えないから, 組合せを用いる。

解答 5枚のカードから2枚を引く場合の数は $_5C_2$ 通りあり, これらは同
様に確からしい。

偶数が書かれたカード2枚を引くのは, $_5C_2$ 通りのうちの1通りで

あるから, 求める確率は, $\dfrac{1}{_5C_2} = \dfrac{1}{\dfrac{5 \cdot 4}{2 \cdot 1}} = \dfrac{1}{10}$

☐ **問34** 赤玉7個と白玉8個が入っている袋から, 3個の玉を同時に取り出す
教科書 とき, 赤玉が2個, 白玉が1個出る確率を求めよ。
p.44
- -

ガイド すべての玉を区別して, 15個の玉から3個とる組合せを考える。

解答 15個の玉から3個を取り出す場合の数は $_{15}C_3$ 通りあり, これらは
同様に確からしい。

また, 7個の赤玉から2個を取り出す場合の数は, $_7C_2$ 通り

8個の白玉から1個を取り出す場合の数は, $_8C_1$ 通り

であるから, 赤玉2個と白玉1個を取り出す場合の数は, $_7C_2 \times _8C_1$ 通り

よって, 求める確率は, $\dfrac{_7C_2 \times _8C_1}{_{15}C_3} = \dfrac{\dfrac{7 \cdot 6}{2 \cdot 1} \times 8}{\dfrac{15 \cdot 14 \cdot 13}{3 \cdot 2 \cdot 1}} = \dfrac{24}{65}$

2　確率の基本性質

☑ **問35**　1個のさいころを投げるとき，4以上の目が出る事象を A，3の倍数
教科書 の目が出る事象を B とする。このとき，積事象 $A \cap B$，和事象 $A \cup B$ の
p.45 確率を，それぞれ求めよ。

ガイド　全事象 U の中に2つの事象 A，B があるとき，A，B がともに起こ
る事象を A と B の**積事象**といい，$A \cap B$ で表す。また，A，B の少な
くとも一方が起こる事象を A と B の**和事象**といい，$A \cup B$ で表す。
　　　$A = \{4, 5, 6\}$，$B = \{3, 6\}$ から，$A \cap B$ と $A \cup B$ を求める。

解答　事象 A，B はそれぞれ，$A = \{4, 5, 6\}$，
$B = \{3, 6\}$ と表されるから，
　　　$A \cap B = \{6\}$，$A \cup B = \{3, 4, 5, 6\}$ である。

　このとき，積事象 $A \cap B$ の確率は，$P(A \cap B) = \dfrac{1}{6}$

　和事象 $A \cup B$ の確率は，$P(A \cup B) = \dfrac{4}{6} = \dfrac{2}{3}$

☑ **問36**　1から30までの整数を1つずつ書いた30枚のカードから1枚を引く
教科書 とき，次の事象のうち，どの2つの組み合わせが排反事象であるか。
p.46　(ア)　素数のカードを引く事象　　　(イ)　5の倍数のカードを引く事象
　　　(ウ)　6の倍数のカードを引く事象　　(エ)　8の倍数のカードを引く事象

ガイド　ある試行のもとで2つの事象が同時に起こらないとき，この2つの
事象は互いに**排反**であるといい，互いに排反である事象を**排反事象**と
いう。A と B が排反であることは，$A \cap B = \varnothing$ と表すことができる。

解答　1枚のカードを引くとき，素数が出る事象を A，5の倍数が出る事
象を B，6の倍数が出る事象を C，8の倍数が出る事象を D とする。
　このとき，$A = \{2, 3, 5, 7, 11, 13, 17, 19, 23, 29\}$，
$B = \{5, 10, 15, 20, 25, 30\}$，$C = \{6, 12, 18, 24, 30\}$，$D = \{8, 16, 24\}$
$A \cap B = \{5\}$，$A \cap C = \varnothing$，$A \cap D = \varnothing$，$B \cap C = \{30\}$，$B \cap D = \varnothing$，
$C \cap D = \{24\}$ であるから，事象 A と事象 C，事象 A と事象 D，事象 B
と事象 D は互いに排反である。
　　　よって，排反事象であるのは，　　(ア)と(ウ)，(ア)と(エ)，(イ)と(エ)

☑ **問37** 2個のさいころを同時に投げるとき，出る目の和が6の倍数になる確

教科書
p.48 率を求めよ。

ガイド

> **ここがポイント** 👉 [確率の基本性質]
>
> ① どのような事象Aに対しても，$0 \leqq P(A) \leqq 1$
> ② 全事象Uの確率　$P(U)=1$
> 　　空事象$\varnothing$の確率　$P(\varnothing)=0$
> ③ A，Bが排反事象であるとき，
> 　　$P(A \cup B) = P(A) + P(B)$　（確率の加法定理）

出る目の和が6の倍数になるのは，和が6と12の場合である。

解答 出る目の和が6になる事象をA，12になる事象をBとすると，求める確率は$P(A \cup B)$で，AとBは排反事象であるから，

$$P(A \cup B) = P(A) + P(B) = \frac{5}{6 \times 6} + \frac{1}{6 \times 6} = \frac{1}{6}$$

☑ **問38** 12枚のシャツがあり，そのうち2枚はSサイズ，4枚はMサイズ，6

教科書
p.49 枚はLサイズである。この中から2枚を同時に取り出すとき，2枚が同じ
サイズである確率を求めよ。

- -

ガイド 3つ以上の事象についても，これらのうちのどの2つの事象も互いに排反であるとき，これらの事象を**排反事象**という。

事象A，B，Cが排反事象であるとき，事象AまたはBまたはCが起こる確率は，$P(A \cup B \cup C) = P(A) + P(B) + P(C)$

解答 Sサイズを2枚，Mサイズを2枚，Lサイズを2枚取り出す事象を，それぞれA，B，Cとすると，求める確率は$P(A \cup B \cup C)$で，A，B，Cは排反事象であるから，

$$P(A \cup B \cup C) = P(A) + P(B) + P(C)$$

$$= \frac{{}_2C_2}{{}_{12}C_2} + \frac{{}_4C_2}{{}_{12}C_2} + \frac{{}_6C_2}{{}_{12}C_2}$$

$$= \frac{1}{66} + \frac{6}{66} + \frac{15}{66} = \frac{22}{66} = \frac{1}{3}$$

☑ **問39**　1 から 50 までの整数を 1 つずつ書いた 50 枚のカードがある。この中

教科書
p.49　から 1 枚を引くとき，2 の倍数または 3 の倍数が書いてあるカードを

引く確率を求めよ。

ガイド　　**ここがポイント** 👉 ［和事象の確率］

$$P(A \cup B) = P(A) + P(B) - P(A \cap B)$$

$A \cap B$ は，2 と 3 の最小公倍数 6 の倍数を引く事象である。

解答　引いたカードに 2 の倍数が書いてある事象を A，3 の倍数が書いて

ある事象を B とすると，求める確率は $P(A \cup B)$ で，

$$n(A) = 25, \quad n(B) = 16, \quad n(A \cap B) = 8$$

よって，

$$P(A \cup B) = P(A) + P(B) - P(A \cap B)$$
$$= \frac{25}{50} + \frac{16}{50} - \frac{8}{50} = \frac{33}{50}$$

☑ **問40**　3 枚の硬貨を同時に投げるとき，少なくとも 1 枚は表が出る確率を求

教科書
p.50　めよ。

ガイド　全事象 U の中で，事象 A に対して，「A が起こらない」という事象

を A の**余事象**といい，$\overline{A}$ で表す。

このとき，$A \cup \overline{A} = U$，$A \cap \overline{A} = \varnothing$ がいえる。

ここがポイント 👉 ［余事象の確率］

$$P(\overline{A}) = 1 - P(A)$$

解答　「少なくとも 1 枚は表が出る」という事象は，「3 枚とも裏が出る」

という事象の余事象である。

3 枚とも裏が出る確率は，$\dfrac{1}{2^3} = \dfrac{1}{8}$

よって，少なくとも 1 枚は表が出る確率は，　$1 - \dfrac{1}{8} = \dfrac{7}{8}$

「少なくとも～」という問題では，
余事象が使えることが多いよ。

3 期待値

☑ **問41** 1個のさいころを投げるとき，出る目の数の期待値を求めよ。

教科書 **p.52**
- -

ガイド 一般に，ある試行の結果によって値の定まる数量 X があって，X のとり得る値のすべてが，x_1，x_2，……，x_n であり，その値をとるときの確率が，それぞ

Xの値	x_1	x_2	……	x_n	計
確率	p_1	p_2	……	p_n	1

れ p_1，p_2，……，p_n であるとするとき，$x_1 p_1 + x_2 p_2 + \cdots\cdots + x_n p_n$ を数量 X の**期待値**または**平均**といい，E で表すことが多い。

> **ここがポイント** ☞ **[期待値]**
>
> $E = x_1 p_1 + x_2 p_2 + \cdots\cdots + x_n p_n$
>
> ただし，$p_1 + p_2 + \cdots\cdots + p_n = 1$

解答 出る目の数を X とすると，X のとり得る値は 1，2，3，4，5，6 で，その確率は，すべて $\dfrac{1}{6}$ になる。よって，出る目の数 X の期待値 E は，

$$E = 1 \cdot \dfrac{1}{6} + 2 \cdot \dfrac{1}{6} + 3 \cdot \dfrac{1}{6} + 4 \cdot \dfrac{1}{6} + 5 \cdot \dfrac{1}{6} + 6 \cdot \dfrac{1}{6} = \dfrac{21}{6} = \dfrac{7}{2}$$

☑ **問42** 赤玉2個と白玉5個が入っている袋から，3個の玉を同時に取り出すとき，取り出される赤玉の個数の期待値を求めよ。

教科書 **p.52**
- -

ガイド まず，取り出される赤玉の個数それぞれの場合の確率を求める。

解答 取り出される赤玉の個数を X とすると，X のとり得る値は，0，1，2 である。それぞれの値をとるときの確率を p_0，p_1，p_2 とすると，

$$p_0 = \dfrac{{}_5C_3}{{}_7C_3} = \dfrac{10}{35} = \dfrac{2}{7}$$

$$p_1 = \dfrac{{}_2C_1 \times {}_5C_2}{{}_7C_3} = \dfrac{20}{35} = \dfrac{4}{7}$$

$$p_2 = \dfrac{{}_2C_2 \times {}_5C_1}{{}_7C_3} = \dfrac{5}{35} = \dfrac{1}{7}$$

Xの値	0	1	2	計
確率	$\dfrac{2}{7}$	$\dfrac{4}{7}$	$\dfrac{1}{7}$	1

よって，求める期待値 E は，　$E = 0 \cdot \dfrac{2}{7} + 1 \cdot \dfrac{4}{7} + 2 \cdot \dfrac{1}{7} = \dfrac{6}{7}$ **(個)**

☑ **問43**　小遣いをもらうのに，毎日 100 円ずつもらうと，さいころを投げて
教科書
p.53　　6 の目が出た日は 400 円，その他の目が出た日は 50 円もらうのとでは，
　　　　どちらが得であるといえるか。

- -

ガイド　毎日 100 円ずつもらうときの期待値は 100 円であるから，さいころ
を投げてもらう場合の期待値が 100 円より高いか安いかを考える。

解答　さいころを投げてもらえる金額を X
円とすると，X のとり得る値とその値を
とるときの確率は，右の表のようになる。

Xの値	400	50	計
確率	$\dfrac{1}{6}$	$\dfrac{5}{6}$	1

　　X の期待値は，

$$400 \cdot \frac{1}{6} + 50 \cdot \frac{5}{6} = \frac{650}{6} = \frac{325}{3} = 108.33\cdots \text{(円)}$$

この金額は 100 円より高いから，**さいころを投げてもらう方が得で
ある**といえる。

節 末 問 題

☑ **1**　　2 個のさいころを同時に投げるとき，次の確率を求めよ。
教科書
p.54　(1)　出る目の和が 5 以下になる確率
　　　　(2)　出る目の和が 4 の倍数になる確率
　　　　(3)　出る目の積が奇数になる確率

ガイド　それぞれ，次の場合の確率を考える。
　　(1)　出る目の和が 2，3，4，5 になる場合
　　(2)　出る目の和が 4，8，12 になる場合
　　(3)　2 個とも奇数の目が出る場合

解答　目の出方は全部で 6×6 通りあり，これらは同様に確からしい。
　(1)　出る目の和が 5 以下になるのは，

　　　　　(1, 1), (1, 2), (1, 3), (1, 4), (2, 1), (2, 2),
　　　　　(2, 3), (3, 1), (3, 2), (4, 1)

　の 10 通りである。

　　　よって，求める確率は，　　$\dfrac{10}{6 \times 6} = \dfrac{5}{18}$

(2)　出る目の和が4の倍数になるのは，

$\quad$ (1, 3), (2, 2), (2, 6), (3, 1), (3, 5), (4, 4),

$\quad$ (5, 3), (6, 2), (6, 6)

の9通りである。

よって，求める確率は，　$\dfrac{9}{6 \times 6} = \dfrac{1}{4}$

(3)　出る目の積が奇数になるのは，2個とも奇数の目が出る場合で，

3×3通りある。

よって，求める確率は，　$\dfrac{3 \times 3}{6 \times 6} = \dfrac{1}{4}$

2 　2人の先生と4人の生徒がくじで席を決めて円卓に座るとき，次の確

教科書 率を求めよ。

p.54 (1)　2人の先生が隣り合う確率　　(2)　2人の先生が向かい合う確率

ガイド (1)　先生2人を1人とみたときの円順列を考える。

(2)　先生の位置を固定して，生徒4人の座り方を考える。

解答 　6人が円卓に座る座り方は(6−1)! 通りあり，これらは同様に確か

らしい。

(1)　隣り合う2人の先生を1人とみた円順列は，(5−1)! 通り

そのそれぞれに対して，先生の並び方は，2! 通り

よって，求める確率は，　$\dfrac{(5-1)! \times 2!}{(6-1)!} = \dfrac{4! \times 2!}{5!} = \dfrac{2}{5}$

(2)　2人の先生は向かい合って座るから，1人の

先生の位置を固定するともう1人の先生の位置

は1通りに決まる。

残った4人の生徒の座り方は，4! 通り

よって，求める確率は，　$\dfrac{1 \times 4!}{(6-1)!} = \dfrac{1 \times 4!}{5!} = \dfrac{1}{5}$

☐ 3   A, B, C の 3 人でじゃんけんを 1 回するとき，次の確率を求めよ。

教科書 **p.54**

(1)   A だけが勝つ確率   (2)   1 人だけが勝つ確率

(3)   あいこになる確率

ガイド   誰が何の手を出して勝つかを考える。

(3) あいこになる場合は，3 人とも同じ手を出す場合と，3 人とも異なる手を出す場合があることに注意する。

解答   3 人の手の出し方は，全部で 3^3 通りあり，これらは同様に確からしい。

(1)   A が何の手を出して勝つかで，$_3C_1$ 通り

よって，求める確率は， $\dfrac{_3C_1}{3^3} = \dfrac{1}{9}$

(2)   3 人のうち，1 人だけが勝つのは，誰が勝つかで $_3C_1$ 通り，

何の手を出して勝つかで $_3C_1$ 通りあるから， $\dfrac{_3C_1 \times _3C_1}{3^3} = \dfrac{1}{3}$

(3)   あいこになるのは，3 人が同じ手を出すか，または，3 人とも異なる手を出す場合である。

3 人が同じ手を出す場合は，グー，チョキ，パーの 3 通り，

3 人とも異なる手を出す場合は 3! 通り。

よって，求める確率は， $\dfrac{3+3!}{3^3} = \dfrac{1}{3}$

別解   (2) (1)と同様に，B だけが勝つ確率も，C だけが勝つ確率も，

それぞれ $\dfrac{1}{9}$ である。よって，求める確率は， $\dfrac{1}{9} \times 3 = \dfrac{1}{3}$

(3) 「あいこになる」という事象は，「勝負がつく」すなわち「1 人または 2 人が勝つ」という事象の余事象である。

1 人だけが勝つ確率は，(2)より， $\dfrac{1}{3}$

2 人だけが勝つ場合は，誰が勝つかで $_3C_2$ 通り，何の手を出して勝つかで $_3C_1$ 通りあるから，その確率は， $\dfrac{_3C_2 \times _3C_1}{3^3} = \dfrac{1}{3}$

よって，あいこになる確率は， $1 - \left(\dfrac{1}{3} + \dfrac{1}{3} \right) = \dfrac{1}{3}$

余事象を使うと計算が簡単になるから，使えるようになろう。

□ **4**
教科書 **p.54**

赤玉4個，白玉6個，青玉2個が入っている袋から，3個の玉を同時に取り出すとき，次の確率を求めよ。

(1) 3個とも同じ色になる確率

(2) 少なくとも1個が赤玉になる確率

ガイド (1) 青玉は2個しかないから，3個とも赤玉になるか，3個とも白玉になる場合を考える。

(2) 余事象を使って求める。

解答 12個の玉から3個を取り出す場合の数は，$_{12}C_3$ 通りあり，これらは同様に確からしい。

(1) 3個とも赤玉になる場合は，$_4C_3$ 通り。

3個とも白玉になる場合は，$_6C_3$ 通り。

よって，求める確率は，$\dfrac{_4C_3}{_{12}C_3}+\dfrac{_6C_3}{_{12}C_3}=\dfrac{24}{220}=\dfrac{6}{55}$

(2) 「少なくとも1個が赤玉になる」という事象は，「3個とも白玉か青玉になる」という事象の余事象である。

3個とも白玉か青玉になる確率は，$\dfrac{_8C_3}{_{12}C_3}=\dfrac{14}{55}$

よって，少なくとも1個が赤玉になる確率は，$1-\dfrac{14}{55}=\dfrac{41}{55}$

□ **5**
教科書 **p.54**

1個のさいころを1回または2回投げ，最後に出た目の数を得点とするゲームを行う。1回投げて出た目を見た上で，2回目を投げるかどうかを決めるとき，どのように決めると高い得点が期待できるか。

ガイド さいころを1回投げるときの出る目の数の期待値を基準にして考える。1回目に期待値より小さい数が出た場合は2回目を投げるようにすると高い得点が期待できる。

解答 1から6のどの目も，出る確率は $\dfrac{1}{6}$ である。

1個のさいころを1回投げたときに出る目の数の期待値は，

$1\cdot\dfrac{1}{6}+2\cdot\dfrac{1}{6}+3\cdot\dfrac{1}{6}+4\cdot\dfrac{1}{6}+5\cdot\dfrac{1}{6}+6\cdot\dfrac{1}{6}=\dfrac{7}{2}=3.5$

よって，**1回目に4以上の目が出ればそこでやめ，3以下の目が出たら2回目を投げる**と決めれば，高い得点が期待できる。

第4節 いろいろな確率

1 独立な試行

□ **問44** 次の2つの試行 T_1 と T_2 は独立であるか独立でないかを答えよ。

教科書 **p.55**

(1) 1枚の硬貨を2回続けて投げるとき，1回目に投げる試行 T_1 と2回目に投げる試行 T_2

(2) 赤，青，黄，緑色のカードが1枚ずつ入っている箱から1枚引き，引いたカードを箱に戻さないで続けてもう1枚引くとき，1回目にカードを引く試行 T_1 と2回目にカードを引く試行 T_2

ガイド 2つの試行 T_1，T_2 が互いに影響を与えないとき，試行 T_1 と T_2 は**独立**であるという。

解答 (1) 硬貨を1回目に投げる試行 T_1 の結果は，2回目に投げる試行 T_2 の結果に影響を与えない。

よって，T_1 と T_2 は**独立である**。

(2) 1回目にどのカードを引くかによって残った箱の中のカードが違う。

よって，試行 T_1 の結果が試行 T_2 の結果に影響を与えるから，T_1 と T_2 は**独立でない**。

□ **問45** 赤玉5個と白玉2個が入っている袋Aと，赤玉3個と白玉5個が入っている袋Bがある。それぞれの袋から1個ずつ玉を取り出すとき，次の確率を求めよ。

教科書 **p.57**

(1) 2個とも白玉が出る確率

(2) 少なくとも1個は赤玉が出る確率

ガイド

ここがポイント ☞ [独立な試行の確率]

2つの試行 T_1 と T_2 が独立であるとき，T_1 によって決まる事象 A と T_2 によって決まる事象 B が同時に起こる確率 p は，

$$p = P(A) \times P(B)$$

解答▶　(1)　袋 A, B から玉を取り出す試行をそれぞれ T_1, T_2 とし, 2つの
試行 T_1, T_2 において白玉を取り出す事象をそれぞれ A, B とす
る。$P(A)=\dfrac{2}{7}$, $P(B)=\dfrac{5}{8}$ であり, T_1 と T_2 は独立な試行であ
るから, 求める確率は, $\dfrac{2}{7}\times\dfrac{5}{8}=\dfrac{5}{28}$

(2)　「2個とも白玉が出る」という事象の余事象であるから, 求める
確率は, $1-\dfrac{5}{28}=\dfrac{23}{28}$

問46　次の問いに答えよ。

教科書 **p.57**

(1)　1個のさいころを3回投げるとき, 1回目に3以上の目, 2回目に3
の倍数の目, 3回目に偶数の目が出る確率を求めよ。

(2)　2個のさいころを同時に1回投げるとき, 出る目の和が偶数になる
確率を求めよ。

- -

ガイド

ここがポイント👉

試行 T_1, T_2, T_3 が独立な試行ならば, T_1 によって決まる事
象 A, T_2 によって決まる事象 B, T_3 によって決まる事象 C が
同時に起こる確率 p は, $p=P(A)\times P(B)\times P(C)$

解答▶　(1)　3回の試行は独立な試行である。

1回目, 3以上の目が出る確率は, $\dfrac{4}{6}$

2回目, 3の倍数の目が出る確率は, $\dfrac{2}{6}$

3回目, 偶数の目が出る確率は, $\dfrac{3}{6}$

> それぞれの試行の確率を
> 1つずつ求めよう。

よって, 求める確率は, $\dfrac{4}{6}\times\dfrac{2}{6}\times\dfrac{3}{6}=\dfrac{1}{9}$

(2)　和が偶数になるのは, 2個の目がともに偶数, またはともに奇
数の場合であり, それらは排反事象であるから, 求める確率は,

$$\dfrac{3}{6}\times\dfrac{3}{6}+\dfrac{3}{6}\times\dfrac{3}{6}=\dfrac{1}{2}$$

② 反復試行

☑ **問47**　1個のさいころを5回続けて投げるとき，3の倍数の目がちょうど

教科書
p.59　3回出る確率を求めよ。

ガイド　同じ条件のもとで独立な試行を繰り返すとき，その一連の試行を**反復試行**という。

> **ここがポイント** 👉 **［反復試行の確率］**
>
> 1回の試行で事象 A の起こる確率を p とすると，この試行を n 回繰り返すとき，A がちょうど r 回起こる確率は，
>
> $$_n\mathrm{C}_r p^r (1-p)^{n-r} \quad ただし，\ r=0,\ 1,\ 2,\ \cdots\cdots,\ n$$

　一般に，正の数 a に対して，$a^0=1$ と定める。$_n\mathrm{C}_0 = {}_n\mathrm{C}_n = 1$ であるから，上の式は，$r=0$ と $r=n$ のときにも成り立つ。

解答　さいころを1回投げるとき，3の倍数が出る確率は，$\dfrac{2}{6}=\dfrac{1}{3}$ であるから，

$$_5\mathrm{C}_3\left(\frac{1}{3}\right)^3\left(1-\frac{1}{3}\right)^{5-3}=10\left(\frac{1}{3}\right)^3\left(\frac{2}{3}\right)^2$$

$$=\frac{40}{243}$$

計算が複雑になるので，間違わないように気をつけよう。

☑ **問48**　6枚の硬貨を同時に投げるとき，表がちょうど5枚出る確率を求めよ。

教科書
p.59

ガイド　2枚以上の硬貨を同時に投げるときも，1枚の硬貨を繰り返し投げる反復試行と考えて，確率を求めることができる。

　1枚の硬貨を6回続けて投げるときと同様の計算で求められる。

解答　1枚の硬貨を投げるとき，表の出る確率は $\dfrac{1}{2}$ であるから，

$$_6\mathrm{C}_5\left(\frac{1}{2}\right)^5\left(1-\frac{1}{2}\right)^{6-5}=6\left(\frac{1}{2}\right)^6=\frac{3}{32}$$

☐ **問49**
教科書 **p.60**
赤玉2個と白玉1個が入っている袋から，玉を1個取り出し，その色を見てから袋に戻すという試行を6回繰り返す。このとき，次の確率を求めよ。

(1) 赤玉が5回以上出る確率

(2) 6回目の試行で，3度目の赤玉が出る確率

ガイド (1) 赤玉が5回または6回出る場合である。

(2) 5回目までの試行で，赤玉が2回出る。

解答 (1) 赤玉が5回以上出るのは，赤玉が5回出る，または6回出る場合であり，これらの事象は排反であるから，求める確率は，

$$ {}_6C_5\left(\frac{2}{3}\right)^5\left(1-\frac{2}{3}\right)+{}_6C_6\left(\frac{2}{3}\right)^6\left(1-\frac{2}{3}\right)^0 $$

$$ =6\left(\frac{2}{3}\right)^5\cdot\frac{1}{3}+\left(\frac{2}{3}\right)^6 $$

$$ =\frac{256}{729} $$

(2) 5回目までの試行で赤玉が2回出て，6回目の試行で赤玉が出る場合であるから，求める確率は，

$$ {}_5C_2\left(\frac{2}{3}\right)^2\left(1-\frac{2}{3}\right)^3\times\frac{2}{3}=10\left(\frac{2}{3}\right)^2\left(\frac{1}{3}\right)^3\times\frac{2}{3} $$

$$ =\frac{80}{729} $$

計算を工夫してミスに注意。

☐ **問50**
教科書 **p.61**
1枚の硬貨を投げて，表が出たら20点，裏が出たら10点得られるゲームを行う。硬貨を8回投げて，得点の合計が150点になる確率を求めよ。

ガイド 8回のうち表が何回出るかによって，得点の合計が決まる。表が x 回出ると，裏は $(8-x)$ 回出る。得点の合計が150点になることから，x についての方程式を作る。

　硬貨を1回投げて表が出る事象を A とすると，事象 A の確率は，$\dfrac{1}{2}$

　8回投げて A が x 回起きたときに，合計が150点になるとすると，

$$20 \times x + 10 \times (8-x) = 150$$
$$20x + 80 - 10x = 150$$

したがって，$x=7$

　よって，求める確率は，8回の反復試行で A がちょうど7回起こる確率であるから，

$$_8C_7\left(\frac{1}{2}\right)^7\left(1-\frac{1}{2}\right)=8\left(\frac{1}{2}\right)^8=\frac{1}{32}$$

3 条件付き確率

問51 右の表は，ある観光バスの乗客の数を，男子，女子，大人，子どもについて調べたものである。この乗客の中から適当に1人を選ぶとき，その乗客が男子であるという事象を A，大人であるという事象を B として，確率 $P_A(B)$ を求めよ。

教科書 **p.62**

	大人	子ども
男子	14	8
女子	12	6

ガイド　一般に，全事象 U の中の2つの事象 A，B において，A が起こったことがわかったとして，このとき B が起こる確率を，A が起こったときの B の**条件付き確率**といい，$P_A(B)$ で表す。

ここがポイント

$$P_A(B)=\frac{n(A \cap B)}{n(A)}$$

ただし，$n(A)=0$ のとき，条件付き確率は考えない。

解答　$n(A)=14+8=22$，$n(A \cap B)=14$ である。

$$P_A(B)=\frac{n(A \cap B)}{n(A)}=\frac{14}{22}=\frac{7}{11}$$

☐ **問52** ある高校では，全生徒のうち30％が1年生であり，全生徒のうち

教科書
p.63　　4.5％が1年生の自転車通学者である。1年生の中から1人を選び出す

とき，その生徒が自転車通学者である確率を求めよ。

ガイド　　$P_A(B)=\dfrac{P(A\cap B)}{P(A)}$ を用いる。

解答　　全生徒から選び出された1人が，1年生である事象を A，自転車通
学者である事象を B とすると，

$$P(A)=\frac{30}{100}=\frac{3}{10}, \qquad P(A\cap B)=\frac{4.5}{100}=\frac{9}{200}$$

よって，求める確率は，

$$P_A(B)=\frac{P(A\cap B)}{P(A)}=\frac{9}{200}\div\frac{3}{10}=\frac{3}{20}$$

☐ **問53** 当たりくじが4本入っている10本のくじがある。このくじをAが1

教科書
p.64　　本引いた後でBが1本引く。このとき，Aが当たる確率，およびBが当た

る確率を求めよ。ただし，引いたくじはもとに戻さないものとする。

ガイド

> **ここがポイント** ☞ [確率の乗法定理]
> $$P(A\cap B)=P(A)P_A(B)$$

Bが当たるのは，「Aが当たり，Bも当たる」または「Aがはずれ，
Bが当たる」のいずれかである。

解答　　Aが当たる確率は，$\dfrac{4}{10}=\dfrac{2}{5}$ である。

Bが当たるという事象は，

（i）Aが当たり，Bも当たる。

（ii）Aがはずれ，Bが当たる。

のいずれかで，これらは互いに排反である。

よって，Bが当たる確率は，

$$\frac{2}{5}\times\frac{3}{9}+\frac{3}{5}\times\frac{4}{9}=\frac{2}{5}$$

> Aが当たる確率も
> Bが当たる確率も同じ。

☑問54 当たりくじが3本入っている8本のくじがある。このくじをAが1本引いた後でBが1本引く。A，Bに続いてさらにCがくじを引くとき，A，B，Cの3人がともに当たる確率を求めよ。ただし，引いたくじはもとに戻さないものとする。

教科書 **p.65**

ガイド 3つ以上の事象に対しても，確率の乗法定理と同様の定理が成り立つことを用いる。

解答 $\dfrac{3}{8}\times\dfrac{2}{7}\times\dfrac{1}{6}=\dfrac{1}{56}$

☑問55 発芽率75％の種Aと，発芽率60％の種Bを1粒ずつ植える。片方だけが発芽したとき，それがAである確率を求めよ。

教科書 **p.65**

ガイド 片方だけが発芽する事象は，Aが発芽してBが発芽しない場合とAが発芽せずBが発芽する場合の2つの場合がある。

解答 片方だけが発芽するという事象は，

　(i)　Aが発芽し，Bが発芽しない。

　(ii)　Aが発芽せず，Bが発芽する。

のいずれかで，これらは互いに排反である。

(i)の確率は，

$$\frac{75}{100}\times\frac{40}{100}=\frac{3}{10}$$

(ii)の確率は，

$$\frac{25}{100}\times\frac{60}{100}=\frac{3}{20}$$

よって，求める確率は，

$$\frac{\dfrac{3}{10}}{\dfrac{3}{10}+\dfrac{3}{20}}=\frac{2}{3}$$

研究　原因の確率

問題
教科書
p.66
ある部品の入っている箱がある。そのうちの 60 % は工場 X で，40 % は工場 Y で作られたもので，工場 X，工場 Y で作られた部品には，それぞれ，2 %，1 % の不良品が含まれている。この部品の入っている箱から 1 個を取り出す。取り出した部品が不良品であったとき，それが工場 Y で作られた部品である確率を求めよ。

ガイド　条件付き確率と確率の乗法定理を用いる。

解答　取り出した 1 個が工場 X，工場 Y で作られた部品である事象をそれぞれ A，B，それが不良品である事象を C とすると，

$$P(A)=\frac{60}{100}=\frac{3}{5}, \quad P(B)=\frac{40}{100}=\frac{2}{5},$$

$$P_A(C)=\frac{2}{100}=\frac{1}{50}, \quad P_B(C)=\frac{1}{100}$$

取り出した 1 個が不良品である確率は，

$$P(C)=P(A\cap C)+P(B\cap C)=P(A)P_A(C)+P(B)P_B(C)$$

$$=\frac{3}{5}\times\frac{1}{50}+\frac{2}{5}\times\frac{1}{100}=\frac{2}{125}$$

求める確率は，$P_C(B)$ であるから，

$$P_C(B)=\frac{P(C\cap B)}{P(C)}=\frac{P(B\cap C)}{P(C)}=\frac{2}{5}\times\frac{1}{100}\div\frac{2}{125}=\frac{1}{4}$$

参考　条件付き確率 $P_C(B)$ は，不良品の原因が工場 Y にある確率であるから，**原因の確率**ということがある。

別解　不良品は，工場 X か工場 Y で作られたものであるから，教科書 p.66 の例題(2)の結果を用いて，　$P_C(B)=1-\dfrac{3}{4}=\dfrac{1}{4}$

節末問題　　　　　　　　　第 4 節｜いろいろな確率

1
教科書
p.67
赤玉 4 個と白玉 1 個が入っている袋 S と，赤玉 6 個と白玉 2 個が入っている袋 T がある。それぞれの袋から 1 個ずつ玉を取り出すとき，少なくとも 1 個は赤玉が出る確率を求めよ。

ガイド　「少なくとも 1 個は赤玉が出る」という事象は、「2 個とも白玉が出る」という事象の余事象であるから、余事象の確率を用いる。

解答　「少なくとも 1 個は赤玉が出る」という事象は、「2 個とも白玉が出る」という事象の余事象である。

それぞれの袋から玉を取り出す試行は、独立な試行である。

袋Sから白玉 1 個を取り出す確率は、$\dfrac{1}{5}$

袋Tから白玉 1 個を取り出す確率は、$\dfrac{2}{8}=\dfrac{1}{4}$

したがって、2 個とも白玉が出る確率は、$\dfrac{1}{5}\times\dfrac{1}{4}=\dfrac{1}{20}$

よって、求める確率は、$1-\dfrac{1}{20}=\dfrac{19}{20}$

> 思い出そう！「少なくとも 1 つ」といえば、余事象だ。

別解　少なくとも 1 個は赤玉が出る場合は、(S の玉，T の玉)＝(赤，赤)，(赤，白)，(白，赤) の 3 通りが考えられる。

それぞれの袋から玉を取り出す試行は、独立な試行であるから、求める確率は、

$$\dfrac{4}{5}\times\dfrac{6}{8}+\dfrac{4}{5}\times\dfrac{2}{8}+\dfrac{1}{5}\times\dfrac{6}{8}=\dfrac{3}{5}+\dfrac{1}{5}+\dfrac{3}{20}=\dfrac{19}{20}$$

2　1 個のさいころを投げて、偶数の目が出たら 10 点得られ、奇数の目が出たら 5 点失うゲームを行う。さいころを 6 回投げて、得点の合計が 15 点になる確率を求めよ。
教科書 p.67

ガイド　6 回のうち偶数の目が何回出るかによって、得点の合計が決まる。偶数の目が x 回出るとして、得点の合計が 15 点になることから、x についての方程式を作る。

解答　さいころを 1 回投げて偶数の目が出る事象を A とすると、事象 A の確率は、$\dfrac{3}{6}=\dfrac{1}{2}$

6回投げて A が x 回起きたときに，合計が 15 点になるとすると，

$$10 \times x + (-5) \times (6-x) = 15$$
$$10x - 30 + 5x = 15$$

したがって，$x = 3$

よって，求める確率は，6回の反復試行で A がちょうど３回起こる確率であるから，

$$_6C_3\left(\frac{1}{2}\right)^3\left(1-\frac{1}{2}\right)^3 = 20\left(\frac{1}{2}\right)^6 = \frac{5}{16}$$

☑ 3

教科書
p.67

A，Bの２チームが試合をする。１回の試合でAが勝つ確率は $\frac{2}{3}$，Bが勝つ確率は $\frac{1}{3}$ で，先に３勝したチームが優勝となるとき，次の確率を求めよ。ただし，引き分けはなく，優勝が決まればそれ以降の試合は行わないものとする。

(1)　３勝２敗でAが優勝する確率

(2)　Aが優勝する確率

ガイド 反復試行の確率を用いる。

(1)　Aが２勝２敗になったあと，５試合目にAが勝つ場合を考える。

(2)　何試合目にAが優勝するかで場合分けをする。

解答　(1)　Aが２勝２敗になったあと，５試合目で勝つと３勝２敗で優勝するから，求める確率は，

$$_4C_2\left(\frac{2}{3}\right)^2\left(\frac{1}{3}\right)^2 \times \frac{2}{3}$$
$$= 6\left(\frac{2}{3}\right)^2\left(\frac{1}{3}\right)^2 \times \frac{2}{3} = \frac{16}{81}$$

(2)　Aが優勝するのは，３勝０敗，３勝１敗，３勝２敗の場合があるから，求める確率は，

$$_3C_3\left(\frac{2}{3}\right)^3\left(1-\frac{2}{3}\right)^0 + {_3C_2}\left(\frac{2}{3}\right)^2\left(1-\frac{2}{3}\right) \times \frac{2}{3} + \frac{16}{81}$$
$$= \left(\frac{2}{3}\right)^3 + 3\left(\frac{2}{3}\right)^2 \cdot \frac{1}{3} \times \frac{2}{3} + \frac{16}{81}$$
$$= \frac{8}{27} + \frac{8}{27} + \frac{16}{81} = \frac{64}{81}$$

☐ **4**

教科書
p.67

ある試行における2つの事象 A, B について，

$$P(A)=\frac{2}{5}, \qquad P(A\cap B)=\frac{1}{5}, \qquad P(A\cup B)=\frac{7}{10}$$

のとき，次の確率を求めよ。

(1)　$P_A(B)$　　　　　　　　　　　(2)　$P_B(A)$

ガイド (2)　まず，和事象の確率の関係

　　$P(A\cup B)=P(A)+P(B)-P(A\cap B)$ を使って $P(B)$ を求める。

解答▶ (1)　$P_A(B)=\dfrac{P(A\cap B)}{P(A)}=\dfrac{1}{5}\div\dfrac{2}{5}=\dfrac{1}{2}$

(2)　$P(A\cup B)=P(A)+P(B)-P(A\cap B)$ より，

　　　$P(B)=P(A\cup B)-P(A)+P(A\cap B)$

　　　　　　$=\dfrac{7}{10}-\dfrac{2}{5}+\dfrac{1}{5}=\dfrac{1}{2}$

よって，求める確率は，

$$P_B(A)=\frac{P(A\cap B)}{P(B)}=\frac{1}{5}\div\frac{1}{2}=\frac{2}{5}$$

☐ **5**

教科書
p.67

　一般に，くじ引きは，くじを引く順番に関係なく，当たる確率は等しい。このことを，当たりくじが2本入っている10本のくじを，A，B，Cがこの順に1本ずつ引くときに，それぞれが当たる確率を求めて確認せよ。ただし，引いたくじはもとに戻さないものとする。

ガイド　A，B，Cそれぞれの当たる確率を求め，それらが同じであることを示せばよい。

　　Bが当たる事象には，Aが当たってBも当たる場合と，AがはずれてBが当たる場合の2つの場合がある。

　　同様に，Cが当たる事象についても，AとBが当たるかはずれるかによって，3つの場合があることに注意して求める。

解答▶ 　Aが当たる確率は，　$\dfrac{2}{10}=\dfrac{1}{5}$

Bが当たるという事象は，
- (i) 　Aが当たり，Bも当たる。
- (ii) 　Aがはずれ，Bが当たる。

のいずれかで，これらは互いに排反である。

よって，Bが当たる確率は，　$\dfrac{2}{10}\times\dfrac{1}{9}+\dfrac{8}{10}\times\dfrac{2}{9}=\dfrac{1}{5}$

Cが当たるという事象は，
- (i) 　Aが当たり，Bがはずれ，Cが当たる。
- (ii) 　Aがはずれ，Bが当たり，Cが当たる。
- (iii) 　Aがはずれ，Bがはずれ，Cが当たる。

のいずれかで，これらは互いに排反である。

よって，Cが当たる確率は，

$$\dfrac{2}{10}\times\dfrac{8}{9}\times\dfrac{1}{8}+\dfrac{8}{10}\times\dfrac{2}{9}\times\dfrac{1}{8}+\dfrac{8}{10}\times\dfrac{7}{9}\times\dfrac{2}{8}=\dfrac{1}{5}$$

したがって，A，B，Cが当たる確率はいずれも $\dfrac{1}{5}$ になるから，くじを引く順番に関係なく，当たる確率は等しい。

> 最初に引いても最後に引いても，当たりを引く確率は同じなんだね！

章 末 問 題

A

☐ **1.**
教科書 **p.68**

700 の正の約数のうち，偶数であるものの個数を求めよ。また，その偶数の約数の総和を求めよ。

ガイド 700 を素因数分解すると，$2^2 \times 5^2 \times 7$ であることから考える。

解答 700 を素因数分解すると，$700 = 2^2 \times 5^2 \times 7$ である。よって，700 の正の約数のうち，偶数であるものは，2 か 2^2 を含む数であり，その個数は，$2 \times 3 \times 2 = \mathbf{12}$ **(個)**

また，その偶数の約数の総和は，
$$(2+2^2)(1+5+5^2)(1+7) = 6 \times 31 \times 8 = \mathbf{1488}$$

☐ **2.**
教科書 **p.68**

6 個の数字 0，1，2，3，4，5 を使って 3 桁の整数を作り，小さい順に並べるとき，100 番目の数を求めよ。ただし，同じ数字を何度使ってもよいものとする。

ガイド 小さい順に並べるから，百の位が 1 の場合，2 の場合，……と求めていく。

解答 百の位が 1 である 3 桁の整数は，　$6^2 = 36$ (個)

百の位が 2 である 3 桁の整数も同様に 36 個。

よって，ここまでで，小さい順に $36+36=72$ (個) の整数がある。

百の位が 3 で，十の位が 0 である 3 桁の整数，すなわち，$30\square$ の形の整数は，$\square$ に入る数が 6 通り考えられるから，全部で 6 個。

同様に，$31\square$，$32\square$，$33\square$ の形の整数も 6 個ずつあるから，ここまでで，　$72+6\times4=96$ (個)

97 番目からは，340，341，342，343 となり，小さい順に 100 番目の数は，**343**

☑ **3.**
教科書
p.68
  4桁の整数のうち，1122，2020のように，同じ数字を2個ずつ含む数は何個あるか。

ガイド 0から9までの10個の数字から異なる2個を選び，それらを2個ずつ並べると何通りの整数ができるかを考える。4桁の整数であるから，千の位は0にはならないから，千の位が0になる場合を除く。

解答 0から9までの10個の数字から異なる2個を選び，それらを2個ずつ並べて整数を作ると，その個数は，

$$_{10}C_2 \times \frac{4!}{2!2!} = 45 \times 6 = 270 \,(個)$$

この中には，千の位に0が入っているものがあるから，それを除いた数が求める数になる。

千の位が0である数は，残りの3桁が0が1個とそれ以外が2個の数であるから，その個数は，

$$9 \times \frac{3!}{1!2!} = 27 \,(個)$$

よって，求める個数は，　270－27＝**243**（**個**）

別解 0でない2つの数を2個ずつ含む数の個数は，

$$_9C_2 \times \frac{4!}{2!2!} = 216 \,(個)$$

千の位の数は0以外であるから，0と0でない数を2個ずつ含む数の個数は，千の位の数の選び方は9通りで，残りの3桁の数は0が2個と千の位の数が1個の並び方となり，　$9 \times \dfrac{3!}{2!1!} = 27 \,(個)$

よって，　216＋27＝**243**（**個**）

□ **4.**
教科書 **p.68**
　右の図のような円形のルーレットがあり，1等，2等，3等の区画が，それぞれ中心角が20°，50°，110°の扇形で分けられている。1等，2等，3等の賞金は，それぞれ500円，300円，100円である。ルーレットを1回まわしたときの賞金の期待値を求めよ。ただし，1等，2等，3等の当たる確率は，それぞれの区画の面積に比例するものとする。

ガイド　それぞれの当たる確率は区画の面積に比例するから，それぞれの中心角を使って求められる。

解答　1等の当たる確率は，　$\dfrac{20}{360}\times2=\dfrac{1}{9}$

　　　　2等の当たる確率は，　$\dfrac{50}{360}\times2=\dfrac{5}{18}$

　　　　3等の当たる確率は，　$\dfrac{110}{360}\times2=\dfrac{11}{18}$

よって，賞金の期待値は，　$500\cdot\dfrac{1}{9}+300\cdot\dfrac{5}{18}+100\cdot\dfrac{11}{18}=\mathbf{200}$（**円**）

□ **5.**
教科書 **p.68**
　1個のさいころを3回投げて，1回目，2回目，3回目に出た目の数をそれぞれ a，b，c とするとき，次の確率を求めよ。
(1)　a，b，c がすべて異なる確率　　(2)　$a<b<c$ となる確率

ガイド　(1)　6個の数字から3個を選んで並べると考える。
　　　　(2)　6個の数字から3個を選んで，それらを小さい順に a，b，c とすると考える。

解答　1個のさいころを3回投げるときの目の出方は，6^3 通り。
(1)　a，b，c がすべて異なる場合の数は，1から6までの6個の異なる数字から3個を選んで並べる順列の総数と考えられる。

　　　よって，求める確率は，　$\dfrac{{}_6\mathrm{P}_3}{6^3}=\dfrac{5}{9}$

(2)　1から6までの異なる目から3個を選んで，それらを小さい方から順番に a，b，c とすればよいから，　$\dfrac{{}_6\mathrm{C}_3}{6^3}=\dfrac{5}{54}$

別解 (1)　1回目に出る目は何でもよく，2回目は1回目と異なる目，3回目は1回目とも2回目とも異なる目であればよいから，求める確率は，　$\dfrac{6}{6} \times \dfrac{5}{6} \times \dfrac{4}{6} = \dfrac{5}{9}$

(2)　(1)で，a, b, c の大小の順が 3! 通りあり，それらは同様に確からしいから，求める確率は，　$\dfrac{5}{9} \times \dfrac{1}{3!} = \dfrac{5}{54}$

6.
教科書 p.68

赤玉2個と白玉3個が入っている袋から，玉を1個取り出して，もとに戻さずにもう1個取り出す。2回目に取り出した玉が赤であったとき，1回目に取り出した玉も赤であった確率を求めよ。

ガイド 1回目に赤が出る事象を A，2回目に赤が出る事象を B とすると，求める確率は $P_B(A)$ である。

解答 1回目に取り出した玉が赤であるという事象を A
2回目に取り出した玉が赤であるという事象を B

とすると，2回目に取り出した玉が赤のとき，1回目と2回目の玉の色は，赤赤，白赤の場合があり，それらは互いに排反であるから，

$$P(B) = \frac{2}{5} \times \frac{1}{4} + \frac{3}{5} \times \frac{2}{4} = \frac{2}{5}$$

$$P(A \cap B) = \frac{2}{5} \times \frac{1}{4} = \frac{1}{10}$$

よって，求める確率は，　$P_B(A) = \dfrac{P(A \cap B)}{P(B)} = \dfrac{1}{10} \div \dfrac{2}{5} = \dfrac{1}{4}$

B

7.
教科書 p.69

男子6人，女子6人の合わせて12人を，男女2人ずつの4人からなる3つの組に分ける方法は何通りあるか。

ガイド まず，12人を A，B，C の3つの組に分けると考え，A，B，C の区別をなくすと考えて求める。

解答 　A, B, C それぞれに入る男子2人の選び方の総数は，積の法則により，${}_6C_2 \times {}_4C_2 \times {}_2C_2$（通り）で，女子についても同様である。

　A, B, C の区別をなくすと，同じ組分けが3! 通りずつできるから，

求める確率は，　$\dfrac{({}_6C_2 \times {}_4C_2 \times {}_2C_2) \times ({}_6C_2 \times {}_4C_2 \times {}_2C_2)}{3!} = 1350$（通り）

8.
教科書
p.69
　a, b, c, d, e, f, g の7文字を1列に並べるとき，次のような並べ方は何通りあるか。

(1) a, b, c, d の4文字がこの順に並ぶ。ただし，a, b, c, d の間に他の文字が入る場合も含む。

(2) a, b, c のどの2文字も隣り合わない。

ガイド (1) まず，7つの場所から a, b, c, d をこの順に入れる4つの場所を選び，残りに他の文字を入れると考える。

(2) まず，d, e, f, g を並べ，その前後と間の5か所から3か所を選んで a, b, c を入れると考える。

解答 (1) a, b, c, d を，この順に入れる4か所を7つの場所から選ぶ選び方は，${}_7C_4$ 通り

残りの3か所に e, f, g を並べる並べ方は，3! 通り

よって，求める並べ方は，　${}_7C_4 \times 3! = 210$（通り）

(2) d, e, f, g の並べ方は，4! 通り

その前後と間の5か所から3か所を選んで，a, b, c を1個ずつ入れる並べ方は，${}_5P_3$ 通り

よって，求める並べ方は，　$4! \times {}_5P_3 = 1440$（通り）

別解 (1) まず，4個の□と e, f, g の7個を並べ，4個の□に順に a, b, c, d をこの順に入れると考える。

よって，　$\dfrac{7!}{4!1!1!1!} = 210$（通り）

9.
教科書 **p.69**

A，Bの2人がじゃんけんをするとき，次の確率を求めよ。ただし，あいこも1回と数えるものとする。

(1)　3回行って，勝った回数の多い方を優勝とするとき，Aが優勝する確率

(2)　4回行って，勝った回数の多い方を優勝とするとき，引き分けとなる確率

ガイド　2人で1回じゃんけんをするとき，Aが勝つ確率，あいこになる確率，Aが負ける確率は，すべて $\frac{1}{3}$ である。

それぞれで，Aについて勝ち・負け・あいこが何回ずつになるかを場合分けして考える。

解答　(1)　3回行ってAが優勝するのは，次の4つの場合がある。

(ⅰ)　Aの勝ちが1回，あいこが2回となる

$$_3C_1\left(\frac{1}{3}\right)\left(\frac{1}{3}\right)^2=3\left(\frac{1}{3}\right)^3$$

(ⅱ)　Aの勝ちが2回，あいこが1回となる

$$_3C_2\left(\frac{1}{3}\right)^2\left(\frac{1}{3}\right)=3\left(\frac{1}{3}\right)^3$$

(ⅲ)　Aの勝ちが2回，負けが1回となる

$$_3C_2\left(\frac{1}{3}\right)^2\left(\frac{1}{3}\right)=3\left(\frac{1}{3}\right)^3$$

(ⅳ)　Aの勝ちが3回となる

$$\left(\frac{1}{3}\right)^3$$

(ⅰ)〜(ⅳ)より，Aが優勝する確率は，

$$3\left(\frac{1}{3}\right)^3+3\left(\frac{1}{3}\right)^3+3\left(\frac{1}{3}\right)^3+\left(\frac{1}{3}\right)^3=\frac{10}{27}$$

(2)　4回行って引き分けになるのは，次の3つの場合がある。

　(ⅰ)　Aの勝ちが2回，負けが2回となる

$$_4C_2\left(\frac{1}{3}\right)^2\left(\frac{1}{3}\right)^2=6\left(\frac{1}{3}\right)^4$$

　(ⅱ)　Aの勝ちが1回，負けが1回，あいこが2回となる

$$\frac{4!}{1!\,1!\,2!}\left(\frac{1}{3}\right)\left(\frac{1}{3}\right)\left(\frac{1}{3}\right)^2=12\left(\frac{1}{3}\right)^4$$

　(ⅲ)　あいこが4回となる

$$\left(\frac{1}{3}\right)^4$$

(ⅰ)～(ⅲ)より，引き分けとなる確率は，

$$6\left(\frac{1}{3}\right)^4+12\left(\frac{1}{3}\right)^4+\left(\frac{1}{3}\right)^4=\frac{19}{81}$$

☐10.
教科書
p.69

3個のさいころを同時に投げるとき，次の確率を求めよ。

(1)　出る目の最大値が5以下になる確率

(2)　出る目の最大値が5になる確率

ガイド　(1)　すべての目が5以下である場合を考える。

　　　　(2)　(1)の場合から，すべての目が4以下となる場合を除けばよい。

解答　(1)　出る目の最大値が5以下になるのは，すべての目が5以下になる場合であるから，求める確率は，　$\left(\frac{5}{6}\right)^3=\dfrac{125}{216}$

　　　(2)　出る目がすべて5以下になる場合から，出る目がすべて4以下になる場合を除けばよい。よって，求める確率は，

$$\frac{125}{216}-\left(\frac{4}{6}\right)^3=\frac{61}{216}$$

別解　(2)　1個が5で，2個が4以下になるのは，　$_3C_1\times4\times4=48$（通り）

　　　　2個が5で，1個が4以下になるのは，　$_3C_2\times4=12$（通り）

　　　　3個とも5になるのは，1通りだから，　$\dfrac{48+12+1}{6^3}=\dfrac{61}{216}$

□**11.**
教科書
p.69
似たような鍵が4個あり，そのうち1個だけがドアを開けることができる。無作為に鍵を選んで試してみるとき，ドアが開くまでの鍵を試す回数の期待値を求めよ。ただし，1度試した鍵は2度と試さないものとする。

ガイド　ドアを開けられる鍵を1回目で選ぶ場合から4回目に選ぶ場合までに分けて考える。

解答　ドアが開けられる鍵を，1回目，2回目，3回目，4回目に選ぶ確率は，それぞれ

$$\frac{1}{4}, \quad \frac{3}{4}\times\frac{1}{3}=\frac{1}{4}, \quad \frac{3}{4}\times\frac{2}{3}\times\frac{1}{2}=\frac{1}{4}, \quad \frac{3}{4}\times\frac{2}{3}\times\frac{1}{2}\times\frac{1}{1}=\frac{1}{4}$$

よって，求める期待値は，　$1\cdot\frac{1}{4}+2\cdot\frac{1}{4}+3\cdot\frac{1}{4}+4\cdot\frac{1}{4}=\frac{5}{2}$ (回)

□**12.**
教科書
p.69
A，Bの2種類のカードがある。Aを2枚，Bを3枚それぞれ積み重ね，その中から3人が順番に1枚のカードを次のように持ち帰ることにする。A，B両方のカードが残っているときはAかBかを確率$\frac{1}{2}$で選んで1枚持ち帰る。どちらか一方のカードしか残っていないときはそれを1枚持ち帰る。最後にBのカードが2枚残ったとき，1番目の人がBのカードを持ち帰った条件付き確率を求めよ。

ガイド　求めるのは，「Bが2枚残る確率」のうち，「1番目の人がBを取り，Bが2枚残る確率」である。

解答　1番目の人がBのカードを持ち帰る事象をC，最後にBのカードが2枚残る事象をDとすると，最後にBのカードが2枚残ったとき，3人が持ち帰ったカードの順番は，AAB，ABA，BAA のいずれかであり，それらは互いに排反であるから，

$$P(D)=\frac{1}{2}\times\frac{1}{2}\times1+\frac{1}{2}\times\frac{1}{2}\times\frac{1}{2}+\frac{1}{2}\times\frac{1}{2}\times\frac{1}{2}=\frac{1}{2}$$

$C\cap D$ は，3人が持ち帰ったカードの順番が，BAA の場合であるから，$P(C\cap D)=\frac{1}{2}\times\frac{1}{2}\times\frac{1}{2}=\frac{1}{8}$

よって，求める確率は，　$P_D(C)=\dfrac{P(C\cap D)}{P(D)}=\dfrac{1}{8}\div\dfrac{1}{2}=\dfrac{1}{4}$

思 考 力 を 養 う ｜ 中断した試合の賞金の分配

　2人の選手A，Bが試合をして先に6ポイント獲得した方を勝ちとし，勝ったときの賞金額をKとする。AとBは同等の力があって，各ポイントを獲得する確率は $\frac{1}{2}$ ずつであるとする。

　試合を開始して，Aが5ポイント，Bが3ポイント獲得した時点で試合を中止することになった場合に，賞金Kをどのように分配するのが公平か，3人がそれぞれ次のように意見を述べている。

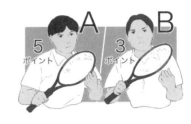

C：獲得したポイントに比例して分配する。すなわち，賞金KをAとBで 5：3 に分配する。

D：そのまま試合が続行されたとして，勝つまでに獲得しなくてはならないポイントに着目する。優勝するには，Aはあと1ポイント，Bはあと3ポイント獲得する必要がある。したがって，賞金KをAとBで 3：1 に分配する。

E：Dの考えに加えて場合の数を応用する。AとBの得点が5ポイントと3ポイントの時点から試合を続行したとして，6ポイント獲得して勝ちが決まるまでのパターンをすべてあげると次のようになる。

　　　　　A，BA，BBA，BBB

$\left(\begin{array}{l}\text{「A」と「B」はそれぞれAとBが1ポイント獲得することを示し，例えば，「BA」}\\\text{は1ポイント目をB，2ポイント目をAが獲得してAが勝った場合を表している。}\end{array}\right)$

　場合の数は全部で4であり，そのうち，Aが勝つ場合は3，Bが勝つ場合は1であるから，賞金KをAとBで 3：1 に分配する。

▢ **Q1**　　3人の意見について，長所や問題点を考えてみよう。

教科書
p.70
- -

ガイド　勝負がつくまで試合をしているわけではなく，中止することになったため，現時点でのポイントで分配する考え方と，未来に起こり得る可能性を考えて分配する考え方がある。

　　現時点でのポイントは確定しているため計算が簡単であるが，未来の可能性は数通り考えられるため計算が複雑になる。

解答▶ 〈Cの意見について〉

長所 (例)

・現時点でのポイントをもとに分配するため，計算が簡単である。

問題点 (例)

・Aはあと1ポイント獲得すれば6ポイントとなって勝ちとなり，賞金が全額もらえるはずが，全体の $\frac{5}{8}$ しかもらえないことになり，Aに不満が出ることが考えられる。

・勝つために必要なポイント数は，Aは1ポイント，Bは3ポイントと3倍の差があるにもかかわらず，Aがもらえる賞金額はBがもらえる賞金額の2倍にも満たないため，不公平感が残ると考えられる。

〈Dの意見について〉

長所 (例)

・未来の試合の結果に着目しているため，不公平感が残りにくい。

・計算も，それほど複雑にならない。

問題点 (例)

・それぞれが勝つために必要なポイントに応じて，その逆数に比例させて賞金を分配しており，公平性に疑問が残る。

〈Eの意見について〉

長所 (例)

・Dの考えに加えて，未来の試合の結果のすべての場合を考えており，公平である。

問題点 (例)

・すべての場合の数を考えるため，計算も複雑になり，分配を決めるまでに時間がかかる。

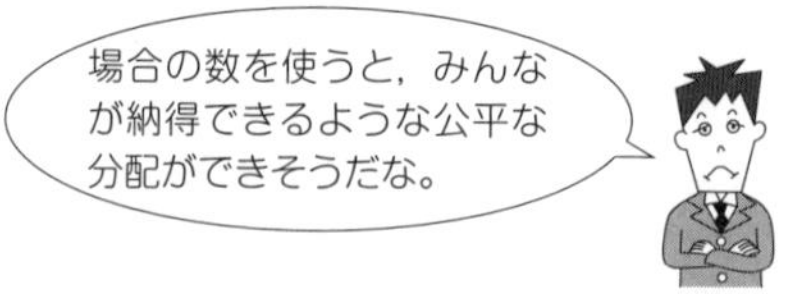

場合の数を使うと，みんなが納得できるような公平な分配ができそうだな。

Q2
教科書
p.70
Eの意見に，さらに確率や期待値の考えを応用できないか考えてみよう。

- -

ガイド 　Eの意見の中の，勝ちが決まるまでの4つのパターンについて，それぞれの起こる確率を考えてみる。

解答 （例）　試合を続けた場合の，勝ちが決まるまでのパターンは，

A，BA，BBA，BBB

の4通り。

このうち，Aが勝つのは，A，BA，BBAの3通りで，これらのいずれかが起こる確率は，

$$\frac{1}{2}+\frac{1}{2}\times\frac{1}{2}+\frac{1}{2}\times\frac{1}{2}\times\frac{1}{2}=\frac{7}{8}$$

Bが勝つのは，BBBの1通りで，これが起こる確率は，

$$\frac{1}{8}$$

よって，期待値の考え方により，賞金はAとBで7：1に分配するのが公平だと考えられる。

第2章　図形の性質

第1節 三角形の性質

1 直線と角

▢ 問 1 　右の図において，次の点を図示せよ。ただし，図の目盛りは等間隔である。

教科書
p.72

(1) 線分 AB を 1：2 に内分する点P

(2) 線分 AB を 5：2 に外分する点Q

(3) 線分 BA を 1：4 に外分する点R

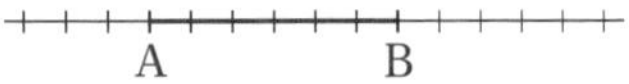

ガイド 　m，n を正の数とする。点Pが線分 AB 上にあり，

$$AP：PB＝m：n$$

内分

を満たすとき，点Pは線分 AB を $m：n$ に **内分** するという。また，点Pは線分 BA を $n：m$ に内分するともいえる。

線分 AB の中点 M は，線分 AB を 1：1 に内分する点である。

m，n を異なる正の数とする。点Q が線分 AB の延長上にあり，

$$AQ：QB＝m：n$$

外分 $m＞n$ のとき

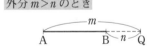

を満たすとき，点Qは線分 AB を $m：n$ に **外分** するという。

外分 $m＜n$ のとき

右上の図のように，m，n の大小関係により，点Qの位置は線分 AB のどちらの延長上にあるかが決まる。

線分 AB を $m：n$ に内分または外分する点は，ただ1通りに決まる。

(1) 線分 AB 上に，AP：PB＝1：2 となるように点Pをとる。

(2) 線分 AB の B の側の延長上に，AQ：QB＝5：2 となるように点Qをとる。

(3) 線分 AB の B の側の延長上に，BR：RA＝1：4 となるように点Rをとる。

解答 (1)
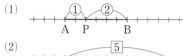

線分 AB を $m:n$ に分ける

Aから出発してBに着く。

(2)

(3)

問2 教科書 p.73 の定理 2 の証明を参考にして，
右の図を用いて定理 2 を AB＞AC の
場合について証明せよ。

教科書 **p.74**

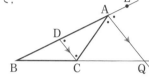

ガイド △ABC の辺 AB 上の点 P，辺 AC 上の点 Q に
対して，次のことが成り立つ。

(1) PQ∥BC ⟺ AP：AB＝AQ：AC

(2) PQ∥BC ⟺ AP：PB＝AQ：QC

(3) PQ∥BC ⟹ AP：AB＝PQ：BC

2 点 P，Q が，それぞれ辺 AB，AC の点 A を
越える延長上にあるときも，これらは成り立つ。

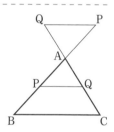

ここがポイント

定理 1［内角の二等分線と比］

△ABC の ∠A の二等分線と辺 BC
の交点を P とするとき，点 P は辺 BC
を AB：AC に内分する。

$$BP：PC＝AB：AC$$

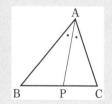

定理 2［外角の二等分線と比］

AB≠AC である △ABC の頂
点 A における外角の二等分線と辺
BC の延長との交点を Q とすると
き，点 Q は，辺 BC を AB：AC
に外分する。

$$BQ：QC＝AB：AC$$

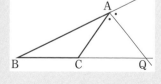

第2章 図形の性質

解答▶ 点Cを通り直線 AQ に平行な直線を引き，辺 AB との交点をDとする。また，辺 BA の延長上に点Eをとる。

　　AQ∥DC から，∠EAQ＝∠ADC，∠CAQ＝∠ACD であり，仮定より，∠EAQ＝∠CAQ であるから，∠ADC＝∠ACD

　　　よって，△ADC は二等辺三角形であり，AD＝AC ……①

　　また，AQ∥DC であるから，　BQ：QC＝BA：AD

　　①より，　BQ：QC＝AB：AC

□ 問3▶ 右の図のような △ABC におい

教科書 **p.74**

て，∠A の二等分線と辺 BC の交点をD，∠A の外角の二等分線と辺 BC の延長との交点をEとする。このとき，次の問いに答えよ。

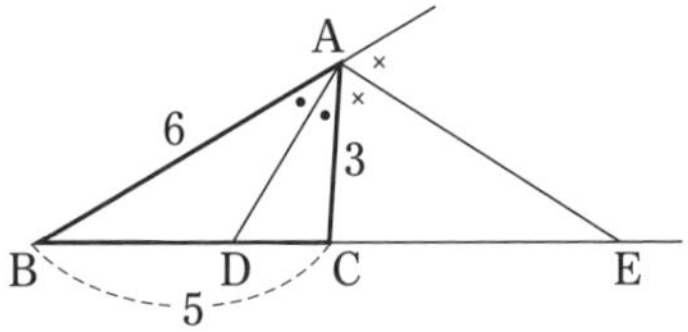

(1) 線分 BD，CE の長さを，それぞれ求めよ。

(2) △ADC，△ACE の面積を，それぞれ S，T とするとき，$S:T$ を求めよ。

- -

ガイド (1) BD は，定理1［内角の二等分線と比］を用いて，BD：DC＝AB：AC から求められる。CE は，定理2［外角の二等分線と比］を用いて，BE：EC＝AB：AC から求められる。

(2) △ADC と △ACE は高さが共通であるから，底辺となる線分 DC と CE の長さから考える。

解答▶ (1) BD：DC＝AB：AC＝6：3＝2：1 より，　**BD**$=5\times\dfrac{2}{2+1}=\dfrac{10}{3}$

BE：EC＝AB：AC＝2：1 より，　BC：CE＝1：1

よって，　**CE**＝BC＝**5**

(2) (1)より，　DC＝BC－BD$=5-\dfrac{10}{3}=\dfrac{5}{3}$

△ADC と △ACE は高さが共通であるから，

$$S:T=DC:CE=\dfrac{5}{3}:5=1:3$$

2 三角形の五心

☑ **問 4** 　1辺の長さが4の正三角形の1つの頂点と，その重心との距離を求めよ。

ガイド　三角形において，頂点に向かい合う辺を**対辺**という。また，三角形の頂点とその対辺の中点を結ぶ線分を**中線**という。

> **ここがポイント** 🖝 **定理3 [中線の交点]**
> **三角形の3本の中線は1点で交わり，その交点は各中線を，**
> **それぞれ2：1に内分する。**

三角形の3本の中線の交点Gを，三角形の**重心**という。

重心Gは，各中線を2：1に内分するから，まず，中線の長さを求める。

解答　右の図のように，1辺の長さが4の正三角形 ABC について，辺 BC の中点を M，重心を G とすると，△ABM は 30°，60°，90° の直角三角形であるから，　AM：AB＝$\sqrt{3}$：2

よって，　AM＝$\dfrac{\sqrt{3}}{2}$AB＝$\dfrac{\sqrt{3}}{2}$×4＝$2\sqrt{3}$

G は重心であるから，　AG：GM＝2：1

したがって，求める長さは，　AG＝$\dfrac{2}{3}$AM＝$\dfrac{2}{3}$×$2\sqrt{3}$＝$\dfrac{4\sqrt{3}}{3}$

☑ **問 5** 　次の図において，角 x を求めよ。ただし，点 O は △ABC の外心である。

(1)

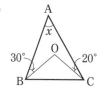

(2)

ガイド

ここがポイント📢　**定理4[垂直二等分線の交点]**
三角形の3辺の垂直二等分線は1点で交わる。

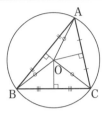

　右の図で，点Oは△ABCの3辺AB，BC，CA
の垂直二等分線の交点である。△OAB，△OBC，
△OCAは二等辺三角形であるから，OA＝OB，
OB＝OC，よって，OA＝OB＝OC であるから，
3点A，B，Cは点Oを中心とする同一円周上に
ある。この円を△ABCの**外接円**といい，その中
心Oを△ABCの**外心**という。外心は，3辺の垂直二等分線の交点で
ある。

　Oは外心であるから，OA＝OB＝OC である。二等辺三角形の2つ
の底角は等しいことに注目する。

解答▶　(1)　Oは外心であるから，OAを結ぶと，
OA＝OB＝OC より，△OAB，△OBC，
△OCAはすべて二等辺三角形になる。

　　二等辺三角形の底角は等しいから，
∠OAB＝∠OBA＝30°，∠OAC＝∠OCA＝20°
したがって，x＝∠OAB＋∠OAC＝30°＋20°＝**50°**

(2)　(1)と同様に，OA＝OB＝OC より，△OAB，△OBC，
△OCAはすべて二等辺三角形になり，底角は等しいから，
∠OAB＝∠OBA＝35°，∠OCA＝∠OAC＝25°
直線AOと辺BCとの交点をDとすると，
∠DOB＝∠OBA＋∠OAB＝2×35°＝70°
∠DOC＝∠OAC＋∠OCA＝2×25°＝50°
したがって，
x＝∠DOB＋∠DOC＝70°＋50°＝**120°**

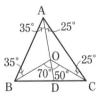

別解▶　(2)　△ABCの外接円Oについて，円周角の定
理を使って求めることもできる。
x＝2∠BAC＝2(∠OAB＋∠OAC)
　　＝2(35°＋25°)
　　＝**120°**

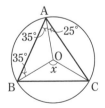

☑ **問 6**　次の図において，角 x を求めよ。ただし，点 I は △ABC の内心である。

教科書
p.77

(1)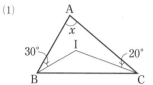

(2)

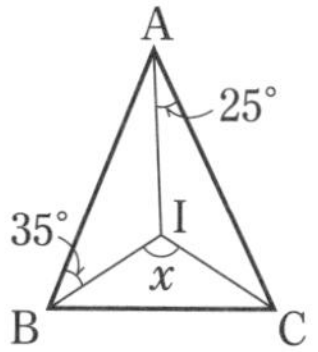

- -

ガイド

ここがポイント 👉 **定理5［内角の二等分線の交点］**
三角形の3つの内角の二等分線は1点で交わる。

　右の図で，点 I は △ABC の ∠A，∠B，∠C の
二等分線の交点であり，点 I から辺 BC，CA，
AB に下ろした垂線を，それぞれ ID，IE，IF と
する。△CDI≡△CEI より，ID＝IE，同様に，
ID＝IF，よって，ID＝IE＝IF であるから，3 点
D，E，F は点 I を中心とする同一円周上にある。

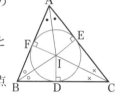

この円は点 D，E，F において各辺に接している。この円を △ABC
の**内接円**といい，その中心 I を △ABC の**内心**という。内心は，3 つ
の内角の二等分線の交点である。

　I は内心であるから，∠IAB＝∠IAC，∠IBA＝∠IBC，
∠ICB＝∠ICA である。

解答　(1)　I は内心であるから，　　∠IBC＝∠IBA＝30°，
　　　　∠ICB＝∠ICA＝20°
　　　　　　よって，　　∠ABC＝2×30°＝60°，　∠ACB＝2×20°＝40°
　　　　　　したがって，
　　　　　　　　$x＝180°－(∠ABC＋∠ACB)＝180°－(60°＋40°)＝$**80°**

　　　(2)　(1)と同様に，　　∠IBC＝∠IBA＝35°，　∠IAB＝∠IAC＝25°
　　　　　　よって，　　∠ABC＝2×35°＝70°，　∠BAC＝2×25°＝50°
　　　　　　△ABC で，　　∠ACB＝180°－(70°＋50°)＝60°
　　　　　　また，∠ICB＝∠ICA より，　　$∠ICB＝\frac{1}{2}∠ACB＝30°$
　　　　　　したがって，
　　　　　　　　$x＝180°－(∠IBC＋∠ICB)＝180°－(35°＋30°)＝$**115°**

第
2
章

図形の性質

▱ **問 7** ▷ △ABC において，∠A の二等分線と対辺が交わる点を D，内心を I とする。AB＝7，BC＝9，CA＝8 であり，直線 BI と辺 AC の交点を E とするとき，BI : IE を求めよ。

教科書
p.78

ガイド 内角の二等分線と比の関係から，AE : EC＝BA : BC などが成り立つ。

解答 線分 BE は ∠B の二等分線であるから，
　　　AE : EC＝BA : BC＝7 : 9

したがって，　　AE＝$\dfrac{7}{16}$AC＝$\dfrac{7}{16}$×8＝$\dfrac{7}{2}$

　よって，線分 AI は ∠A の二等分線であるから，

　　　BI : IE＝AB : AE＝7 : $\dfrac{7}{2}$＝2 : 1

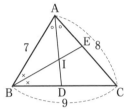

▱ **問 8** 重心と外心が一致する三角形は，正三角形であることを証明せよ。

教科書
p.78

ガイド 重心は三角形の 3 本の中線の交点，外心は三角形の 3 辺の垂直二等分線の交点であることを用いて，3 辺の長さが等しくなることを証明する。

解答 重心と外心が一致する △ABC において，重心を G とし，直線 AG と辺 BC の交点を M とする。
　AM は中線であるから，M は辺 BC の中点である。
　また，G は外心でもあるから，直線 AM は辺 BC の垂直二等分線となる。
　したがって，△ABC は，AB＝AC の二等辺三角形である。
　同様にして，BA＝BC となり，AB＝BC＝CA，すなわち，△ABC は正三角形である。

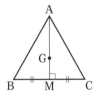

別解 重心と外心が一致する△ABCにおいて，外心をOとする。辺BCの中点をMとすると，直線OMは辺BCの垂直二等分線である。

O は重心でもあり，中線AM上にあることから，AMは辺BCの垂直二等分線となる。

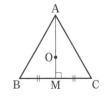

したがって，△ABCは，AB＝AC の二等辺三角形である。

同様にして，BA＝BC となり，AB＝BC＝CA，すなわち，△ABCは正三角形である。

参考

ポイント プラス 　**定理6［垂線の交点］**
　三角形の3頂点から対辺またはその延長に下ろした垂線は1点で交わる。

三角形の3頂点から対辺またはその延長に下ろした3本の垂線の交点を，三角形の**垂心**という。

△ABCの1つの内角の二等分線と，他の2つの外角の二等分線は1点で交わる。この点は，直線AB，BC，CA から等距離にあるから，この点を中心として，3辺またはその延長に接する円をかくことができる。この円を**傍接円**といい，この円の中心を**傍心**という。△ABCの傍心は3つある。

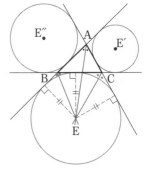

三角形の重心，外心，内心，垂心，傍心をまとめて，三角形の**五心**という。

3 チェバの定理とメネラウスの定理

問9 点Xと△ABCの3頂点を結んだ直線が，3辺と下の図のように点P，Q，Rで交わるとき，BP：PC を求めよ。

教科書 **p.81**

(1)
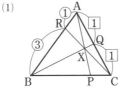

(2)
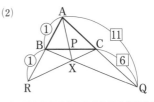

ガイド

ここがポイント 👉 **定理7［チェバの定理］**

　△ABC の内部にある点 X と3頂点 A, B, C を結んだ直線 AX, BX, CX が，3辺 BC, CA, AB と，それぞれ点 P, Q, R で交わるとき，次の式が成り立つ。

$$\frac{BP}{PC}\cdot\frac{CQ}{QA}\cdot\frac{AR}{RB}=1$$

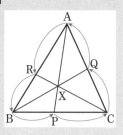

解答 (1) チェバの定理により，$\dfrac{BP}{PC}\cdot\dfrac{1}{1}\cdot\dfrac{1}{3}=1$

　　　すなわち，$\dfrac{BP}{PC}=3$　　よって，**BP : PC = 3 : 1**

(2) チェバの定理により，$\dfrac{BP}{PC}\cdot\dfrac{6}{11}\cdot\dfrac{2}{1}=1$

　　　すなわち，$\dfrac{BP}{PC}=\dfrac{11}{12}$　　よって，**BP : PC = 11 : 12**

☑ **問10** 直線 ℓ が △ABC の3辺またはその延長と，下の図のように点 P, Q, R で交わるとき，BP : PC を求めよ。

教科書 **p.82**

(1)

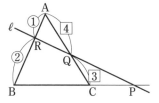

(2)

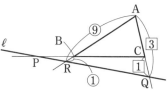

- -

ガイド

ここがポイント 👉 **定理8［メネラウスの定理］**

　△ABC の頂点を通らない直線 ℓ が △ABC の3辺 BC, CA, AB またはその延長と，それぞれ点 P, Q, R で交わるとき，次の式が成り立つ。

$$\frac{BP}{PC}\cdot\frac{CQ}{QA}\cdot\frac{AR}{RB}=1$$

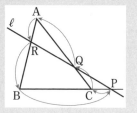

解答▶ (1) メネラウスの定理により，$\dfrac{\text{BP}}{\text{PC}}\cdot\dfrac{3}{4}\cdot\dfrac{1}{2}=1$

　　　 すなわち，$\dfrac{\text{BP}}{\text{PC}}=\dfrac{8}{3}$ 　よって，**BP：PC＝8：3**

(2) メネラウスの定理により，$\dfrac{\text{BP}}{\text{PC}}\cdot\dfrac{1}{3}\cdot\dfrac{9}{1}=1$

　　　 すなわち，$\dfrac{\text{BP}}{\text{PC}}=\dfrac{1}{3}$ 　よって，**BP：PC＝1：3**

問11 △ABC において，辺 AB を 2：3 に内分する点を R，辺 AC を 1：2

教科書 **p.82** に内分する点をQとする。線分 BQ と CR の交点を X，直線 AX と

辺 BC の交点をPとするとき，次の比を求めよ。

(1) BP：PC 　　　　(2) AX：XP 　　　　(3) △XBC：△ABC

- -

ガイド (1)(2) 三角形と点や，三角形と直線に着目し，チェバの定理やメネ

　　 ラウスの定理が使えないかを考える。

(3) 2つの三角形の底辺は等しいから，XP と AP の比を使うと面

　　 積の比が求められる。

解答▶ (1) △ABC と点 X にチェバの定理を用いる

　　 と，$\dfrac{\text{BP}}{\text{PC}}\cdot\dfrac{2}{1}\cdot\dfrac{2}{3}=1$

　　　 よって，$\dfrac{\text{BP}}{\text{PC}}=\dfrac{3}{4}$ より，

　　　 BP：PC＝3：4

(2) △ABP と直線 CR にメネラウスの定理

　　 を用いると，$\dfrac{\text{BC}}{\text{CP}}\cdot\dfrac{\text{PX}}{\text{XA}}\cdot\dfrac{\text{AR}}{\text{RB}}=1$

　　 (1)より，BC：CP＝7：4 であるから，$\dfrac{7}{4}\cdot\dfrac{\text{PX}}{\text{XA}}\cdot\dfrac{2}{3}=1$

　　 よって，$\dfrac{\text{PX}}{\text{XA}}=\dfrac{6}{7}$ より，**AX：XP＝7：6**

(3) △XBC と △ABC は，底辺が BC で共通であるから，

　　　 △XBC：△ABC＝XP：AP

　　 (2)より，AX：XP＝7：6 であるから，

　　　 XP：AP＝6：(7＋6)＝6：13

　　 よって，**△XBC：△ABC＝6：13**

研究 チェバの定理とメネラウスの定理の逆

問題 チェバの定理の逆を用いて,「三角形の3つの内角の二等分線は1点で
交わる」ことを証明せよ。

教科書
p.83

ガイド

ここがポイント [チェバの定理の逆]

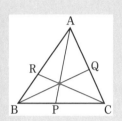

　△ABC の3辺 BC, CA, AB 上に,
それぞれ点 P, Q, R があるとき,
$\dfrac{BP}{PC}\cdot\dfrac{CQ}{QA}\cdot\dfrac{AR}{RB}=1$ ならば,3直線 AP,
BQ, CR は1点で交わる。

解答 △ABC の ∠A の二等分線と辺 BC の交点を P,
∠B の二等分線と辺 CA の交点を Q, ∠C の二等
分線と辺 AB の交点をRとする。

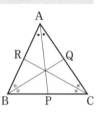

　内角の二等分線と比の関係から,

$$BP:PC=AB:AC \text{ より,} \qquad \frac{BP}{PC}=\frac{AB}{AC}$$

$$CQ:QA=BC:BA \text{ より,} \qquad \frac{CQ}{QA}=\frac{BC}{BA}$$

$$AR:RB=CA:CB \text{ より,} \qquad \frac{AR}{RB}=\frac{CA}{CB}$$

したがって,$\dfrac{BP}{PC}\cdot\dfrac{CQ}{QA}\cdot\dfrac{AR}{RB}=\dfrac{AB}{AC}\cdot\dfrac{BC}{BA}\cdot\dfrac{CA}{CB}=\dfrac{1}{1}=1$ であるから,

$\dfrac{BP}{PC}\cdot\dfrac{CQ}{QA}\cdot\dfrac{AR}{RB}=1$ が成り立つ。

　よって,三角形の3つの内角の二等分線は1点で交わる。

ポイント プラス [メネラウスの定理の逆]

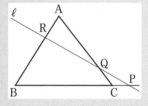

　△ABC の3辺 BC, CA, AB ま
たはその延長上に,それぞれ点 P, Q,
R があり,延長上の点が1個または
3個のとき,$\dfrac{BP}{PC}\cdot\dfrac{CQ}{QA}\cdot\dfrac{AR}{RB}=1$
ならば,3点 P, Q, R は一直線上
にある。

4　三角形の辺と角の関係

☐ **問12**　3辺の長さが次の3つの数である三角形が存在するとき，x の値の範囲を求めよ。

教科書 **p.85**

(1)　9，12，$3x$　　　　　　　　(2)　5，$x+2$，$2x$

- -

ガイド

ここがポイント 🖝 ［三角形の成立条件］

3つの正の数 a，b，c に対して，3辺の長さが a，b，c である三角形が存在する条件は，次の3つの不等式が成り立つことである。

$$a+b>c,\ b+c>a,\ c+a>b$$

解答▶

(1)　9，12，$3x$ は三角形の3辺の長さであるから，三角形の成立条件より，次の3つの不等式が成り立つ。

$$\begin{cases} 9+12>3x & \cdots\cdots① \\ 12+3x>9 & \cdots\cdots② \\ 3x+9>12 & \cdots\cdots③ \end{cases}$$

$x>0$ であるから，②はつねに成り立つ。

①より，$x<7$

③より，$x>1$

よって，三角形が存在するときの x の値の範囲は，

$1<x<7$

(2)　5，$x+2$，$2x$ は三角形の3辺の長さであるから，三角形の成立条件より，次の3つの不等式が成り立つ。

$$\begin{cases} 5+(x+2)>2x & \cdots\cdots① \\ (x+2)+2x>5 & \cdots\cdots② \\ 2x+5>x+2 & \cdots\cdots③ \end{cases}$$

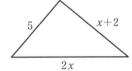

①より，$x<7$

②より，$x>1$

③より，$x>-3$

よって，三角形が存在するときの x の値の範囲は，

$1<x<7$

別解 三角形の成立条件の3つの式 $a+b>c$, $b+c>a$, $c+a>b$ を1
つの式で次のように表すこともできる。

$$|b-c|<a<b+c$$

これを使うと，次のように求めることもできる。

(1) $12-9<3x<12+9$ が成り立てばよいから，$3<3x<21$

　　よって，$\mathbf{1<x<7}$

(2) $|2x-(x+2)|<5<2x+(x+2)$ が成り立てばよいから，

　　$|x-2|<5$ かつ $5<3x+2$ を満たす x の値の範囲を求める。

　　$|x-2|<5$ より，$-5<x-2<5$ 　よって，$-3<x<7$ ……①

　　$5<3x+2$ より，$3<3x$ 　よって，$1<x$ ……②

　　①，②より，$\mathbf{1<x<7}$

問13 △ABC において，次の大小関係を答えよ。

教科書
p.85
(1) $a=3\sqrt{3}$，$b=2\sqrt{6}$，$c=5$ のとき，3つの内角の大小

(2) $\angle A=40°$，$\angle B=70°$ のとき，3つの辺の大小

ガイド

ここがポイント ☞ 定理9 [三角形の辺の大小と対角の大小]

　　△ABC において，次のことが
成り立つ。

　　$b<c \iff \angle B<\angle C$

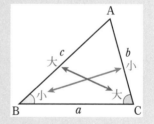

3つの辺の長さや，3つの角の大きさを比べる。

解答 (1) $a=3\sqrt{3}=\sqrt{27}$，$b=2\sqrt{6}=\sqrt{24}$，$c=5=\sqrt{25}$ より，$b<c<a$
　　であるから，3つの角の大小関係は，

　　　　$\mathbf{\angle B<\angle C<\angle A}$

(2) △ABC の内角の和は $180°$ であるから，

　　　　$\angle C=180°-(40°+70°)=70°$

　　よって，$\angle A<\angle B=\angle C$ であるから，

　　3つの辺の大小関係は，

　　　　$\boldsymbol{a<b=c}$

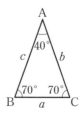

研究 「定理9　三角形の辺の大小と対角の大小」の証明

◢問題

教科書 **p.86**

△ABC において，右の図のように，辺 AC の延長上に CD=a を満たす点Dをとる。このとき，教科書 p.85 の定理9を用いて，$a+b>c$ が成り立つことを証明せよ。

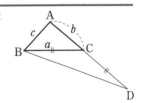

ガイド　CD=BC=a より，AD>AB が成り立つことがわかれば，$a+b>c$ がいえる。△ABD で，AD，AB の対角の大きさから，AD>AB を示す。

解答　△CBD は CB=CD の二等辺三角形であるから，　∠CBD=∠CDB

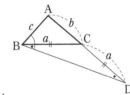

また，∠ABD=∠ABC+∠CBD であるから，　∠ABD>∠CBD

したがって，∠ABD>∠CDB であるから，△ABD において，定理9により，　AD>AB

AD=CD+AC=$a+b$，AB=c であるから，$a+b>c$ が成り立つ。

🖥 コンピュータの活用

教科書 **p.87**

右の図4は，教科書 p.87 の図1において，辺 BC の中点Mと，直線 CO と円OのC以外の交点D，さらに，直線 AM と直線 OH の交点Eを表示した図である。

このとき，次の(1)〜(3)を順に示していくことで，次ページの①を証明することができる。

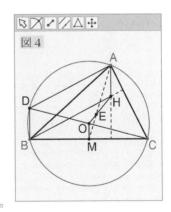

図4

(1)　四角形 ADBH は平行四辺形である。

(2)　DB∥OM，OM：DB＝1：2

(3)　ME：EA＝OE：EH＝1：2

> △ABC の外心を O，重心を G，垂心を H とすると，3 点 O，G，
> H は同一直線上にあり，OG：GH＝1：2 である。 ……①

(3)から，点 E と重心 G は一致することがわかり，①が成り立つ。

(1)～(3)が成り立つことを証明してみよう。

- -

ガイド (1) 線分 CD は円 O の直径であることと点 H が垂心であることか
ら，四角形 ADBC の各辺の交わり方を考える。

(2) DB∥OM を示し，平行線と線分の比を用いて証明する。

(3) 平行線と線分の比と(1)，(2)で証明したことを用いる。

解答 (1) 線分 CD は外接円 O の直径で，半円の弧
に対する円周角は 90° であるから，

$$DB \perp BC \quad \cdots\cdots ①$$

$$DA \perp AC \quad \cdots\cdots ②$$

点 H は △ABC の垂心であるから，

$$AH \perp BC \quad \cdots\cdots ③$$

$$BH \perp AC \quad \cdots\cdots ④$$

①，③より，AH∥DB ②，④より，DA∥BH

よって，2 組の向かい合う辺が平行であるから，四角形 ADBH
は平行四辺形である。

(2) 点 O は △ABC の外心であるから，

$$OM \perp BC \quad \cdots\cdots ⑤$$

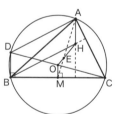

①，⑤より， DB∥OM

よって，平行線と線分の比により，

$$OM：DB＝CO：CD＝1：2$$

(3) ③，⑤より，OM∥AH で，
平行線と線分の比により，

$$ME：AE＝OE：HE$$

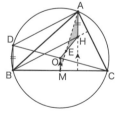

(1)より，四角形 ADBH は平行四辺形
であるから， AH＝DB

また，(2)より，OM：DB＝1：2
であるから，

$$ME：AE＝OM：HA＝OM：DB＝1：2$$

したがって， ME：EA＝OE：EH＝1：2

節 末 問 題

第1節｜三角形の性質

☑ **1**

教科書
p.88

右の図の点 A, B, C の位置関係を表すように，次の □ に適する文字，数を入れて，文を1つ完成させよ。ただし，図の目盛りは等間隔である。

点 □ は線分 □ を □ ： □ に外分する。

ガイド　A, B, C の位置関係に注目する。点Qが線分 AB を $m：n$ に外分するとき，m と n の大小によって，次のような位置関係になる。

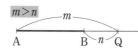 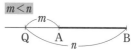

解答　・点 A は線分 BC を 1：4 に外分する。

・点 A は線分 CB を 4：1 に外分する。

・点 C は線分 AB を 4：3 に外分する。

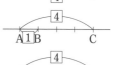

・点 C は線分 BA を 3：4 に外分する。

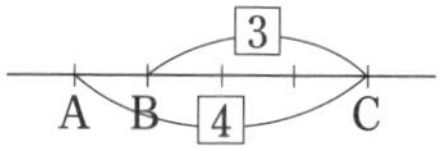

☑ **2**

教科書
p.88

△ABC の辺 BC の中点を M とし，∠AMB，∠AMC の二等分線が辺 AB, AC と交わる点を，それぞれ D, E とする。このとき，DE∥BC であることを証明せよ。

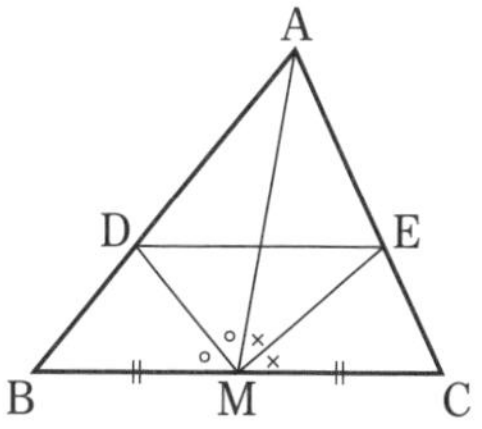

ガイド　内角の二等分線と比の定理を用いて AD：DB＝AE：EC を示す。

解答　MD が ∠AMB の二等分線であるから，　MA：MB＝AD：DB
ME が ∠AMC の二等分線であるから，　MA：MC＝AE：EC
MB＝MC より，AD：DB＝AE：EC
したがって，DE∥BC

3 　次の図において，△ABC の外心を O，△LMN の内心を I，△PQR の
垂心をHとする。∠BOC＝∠MIN＝∠QHR＝140° のとき，∠A，∠L，
∠P の大きさをそれぞれ求めよ。

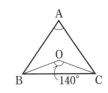 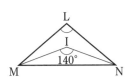

ガイド　点Oは外心であるから，OA を結ぶと，OA＝OB＝OC より，

　　△OAB，△OBC，△OCA はすべて二等辺三角形である。

　　点 I は内心であるから，　∠IMN＝∠IML，∠INM＝∠INL

　　点 H は垂心であるから，　直線 QH⊥辺 PR，直線 RH⊥辺 PQ

解答　△OBC で，OB＝OC より，

$$\angle OBC = \angle OCB = \frac{1}{2} \times (180° - 140°) = 20°$$

また，OA を結んで，∠OAB＝∠OBA＝a，
∠OAC＝∠OCA＝b とすると，△ABC で，

　∠A＋∠B＋∠C＝$(a+b)+(a+20°)+(b+20°)=180°$

　したがって，$2a+2b=140°$ より，$a+b=70°$

　∠A＝$a+b$より，　**∠A＝70°**

　∠IMN＝c，∠INM＝d とすると，

　　$c+d=180°-140°=40°$

　∠IMN＝∠IML，∠INM＝∠INL である

から，

　　∠M＋∠N＝$2c+2d=2(c+d)=2 \times 40°=80°$

　よって，△LMNで，**∠L**＝$180°-(∠M+∠N)=180°-80°=$**100°**

　直線 QH と辺 PR との交点を S，直線 RH と辺 PQ
との交点をTとすると，QS⊥PR，RT⊥PQ

　よって，四角形 PTHS で，

　　∠P＋∠PTH＋∠THS＋∠PSH＝360°

　∠PTH＝∠PSH＝90°，∠THS＝140° であるから，

　　∠P＝$360°-(90°+140°+90°)=$**40°**

第 2 章　図形の性質

別解　△ABCの外接円Oで，円周角の定理を用いても
∠A を求められる。

$$\angle A = \frac{1}{2}\angle BOC = \mathbf{70°}$$

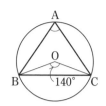

4

教科書
p.88

右の図のように，線分 AP，BQ，CR が 1 点
X で交わっていて，AR：RB＝3：2，
AX：XP＝7：4 とするとき，次の比を求め
よ。

(1)　BP：PC

(2)　△XBC：△XAB

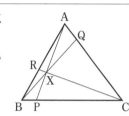

ガイド　(1)　メネラウスの定理を適用できる三角形と直線を見つける。

(2)　△XBC と △XAB の面積の比は，2 つの三角形の底辺が XB
で共通であるから，CQ と QA の比で求められる。

解答　(1)　△ABP と直線 RC にメネラウスの定理

を用いると，$\dfrac{BC}{CP}\cdot\dfrac{PX}{XA}\cdot\dfrac{AR}{RB}=1$ より，

$$\frac{BC}{CP}\cdot\frac{4}{7}\cdot\frac{3}{2}=1$$

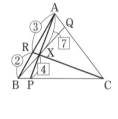

したがって，$\dfrac{BC}{CP}=\dfrac{7}{6}$ より，

BC：CP＝7：6

よって，　**BP：PC＝1：6**

(2)　△XBC：△XAB＝CQ：QA が成り立つ。

△ABC と点Xにチェバの定理を用いると，

$\dfrac{BP}{PC}\cdot\dfrac{CQ}{QA}\cdot\dfrac{AR}{RB}=1$ より，　$\dfrac{1}{6}\cdot\dfrac{CQ}{QA}\cdot\dfrac{3}{2}=1$

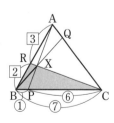

したがって，$\dfrac{CQ}{QA}=4$ より，

CQ：QA＝4：1

よって，　**△XBC：△XAB＝4：1**

別解 (2)　AP：XP＝(7+4)：4 より，

$$\triangle XBC=\frac{4}{11}\triangle ABC$$

BC：BP＝(1+6)：1 より，

$$\triangle ABP=\frac{1}{7}\triangle ABC \quad\cdots\cdots①$$

AP：AX＝(7+4)：7 と①より，

$$\triangle XAB=\frac{7}{11}\triangle ABP=\frac{7}{11}\times\frac{1}{7}\triangle ABC=\frac{1}{11}\triangle ABC$$

したがって，**△XBC：△XAB**$=\frac{4}{11}:\frac{1}{11}=4:1$

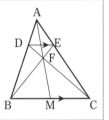

5 △ABC の辺 BC と平行な直線が，辺 AB，AC と交わる点を，それぞれ D，E とし，線分 BE と CD の交点を F とする。このとき，直線 AF と辺 BC の交点を M とすると，M は線分 BC の中点であることを証明せよ。

教科書 **p.88**

ガイド チェバの定理を適用できる三角形と点を見つける。

BM＝MC，すなわち，$\dfrac{BM}{MC}=1$ がいえれば，M が線分 BC の中点であることが証明できる。

解答 △ABC と点 F にチェバの定理を用いると，

$$\frac{BM}{MC}\cdot\frac{CE}{EA}\cdot\frac{AD}{DB}=1 \quad\cdots\cdots①$$

また，DE∥BC で，平行線と線分の比により，

AD：DB＝AE：EC

したがって，$\dfrac{AD}{DB}=\dfrac{AE}{EC}$ $\cdots\cdots②$

①，②より，$\dfrac{BM}{MC}\cdot\dfrac{CE}{EA}\cdot\dfrac{AE}{EC}=1$

よって，$\dfrac{BM}{MC}=1$

すなわち，BM＝MC であるから，M は線分 BC の中点である。

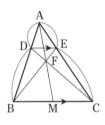

第2節 円の性質

1 円周角の定理とその逆

☑ **問14**　次の図において，角 α, β を求めよ。ただし，点Oは円の中心である。

教科書
p.89

(1)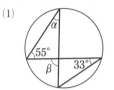

(2)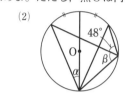

ガイド

ここがポイント 👉 **定理10[円周角の定理]**

　1つの弧に対する円周角の大きさは一定であり，その弧に対する中心角の大きさの半分である。

(1)　α がどの弧に対する円周角かわかれば，求められる。

(2)　補助線を引いて考える。

解答
(1)　右の図のように点を決める。

　α は弧 AB に対する円周角で，同じ弧に対する円周角は等しいから，

　　　$\alpha = \angle\mathrm{ACB} = \mathbf{33°}$

　また，β は，$\triangle\mathrm{CAD}$ の $\angle\mathrm{D}$ の外角であるから，　$\beta = \alpha + 55° = 33° + 55° = \mathbf{88°}$

(2)　右の図のように点を決め，2点 E，C を結ぶ。

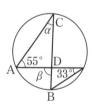

　$\overset{\frown}{\mathrm{AE}} = \overset{\frown}{\mathrm{ED}}$ より，$\angle\mathrm{ACE} = \angle\mathrm{ECD}$ であり，$2\angle\mathrm{ACE} = 48°$ であるから，

　　　$\angle\mathrm{ACE} = 48° \div 2 = 24°$

　同じ弧に対する円周角は等しいから，

　　　$\alpha = \angle\mathrm{ACE} = \mathbf{24°}$

　半円の弧に対する円周角は 90° であるから，　　$\angle\mathrm{BCE} = 90°$

　したがって，　$\beta = \angle\mathrm{BCE} - \angle\mathrm{ACE} = 90° - 24° = \mathbf{66°}$

□ **問15** 右の図において，4点 A，B，C，D が

教科書 **p.89**

同一円周上にあることを示せ。

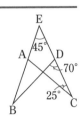

ガイド

ここがポイント ☞ 　**定理11[円周角の定理の逆]**

2点 P，Q が直線 AB に関して同じ側にあるとき，

∠APB＝∠AQB

ならば，4点 A，B，P，Q は同一円周上にある。

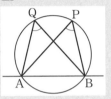

∠BAC＝∠BDC，すなわち，∠BAC＝70° となることを示せば，円周角の定理の逆が使える。

解答 ∠BAC は，△ACE の ∠A の外角であるから，

∠BAC＝∠AEC＋∠ACE＝45°＋25°＝70°

よって，　　∠BAC＝∠BDC

2点 A，D は直線 BC に関して同じ側にある

から，4点 A，B，C，D は同一円周上にある。

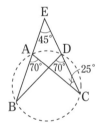

2 円に内接する四角形

□ **問16** 次の図において，角 α を求めよ。

教科書 **p.91**

(1)

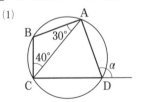

(2)

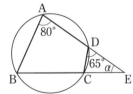

ガイド　四角形の4つの頂点のすべてを通る円があるとき，この四角形は円に**内接する**という。また，この円をその四角形の**外接円**という。すべての三角形に外接円はあるが，四角形には必ずしも外接円があるとは限らない。

> **ここがポイント** 👉 **定理12[円に内接する四角形の内角・外角]**
> 四角形が円に内接するとき，次の(1)，
> (2)が成り立つ。
> (1)　向かい合う内角の和は 180° である。
> (2)　内角は，それに向かい合う角の外
> 　　　角に等しい。

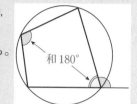

和 180°

解答　(1)　円に内接する四角形の内角は，それに向かい合う角の外角に等
　　　　　 しいから，$\alpha=\angle ABC$ である。
　　　　　　　△ABC の内角の和は 180° であるから，
　　　　　　　　$\alpha=\angle ABC=180°-(40°+30°)=\mathbf{110°}$
　　　　(2)　円に内接する四角形の内角は，それに向かい合う角の外角に等
　　　　　 しいから，$\angle DCE=\angle BAD=80°$
　　　　　　　△DCE の内角の和は 180° であるから，
　　　　　　　　$\alpha=180°-(\angle DCE+65°)=180°-(80°+65°)=\mathbf{35°}$

問17　右の図において，4 点 A，B，C，D は
同一円周上にあることを示せ。

教科書
p.91

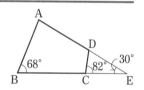

ガイド　教科書 p.90 の定理 12 は，その逆も成り立つ。

> **ここがポイント** 👉 **定理13[四角形が円に内接する条件]**
> 次の(1)または(2)が成り立つ四角形は，円に内接する。
> (1)　1 組の向かい合う内角の和が 180° である。
> (2)　1 つの内角が，それに向かい合う角の外角に等しい。

四角形 ABCD のある内角が，それに向かい合う角の外角に等しい
ことを示せばよい。

解答▶ ∠CDE＝180°－(82°+30°)＝68° より， ∠ABC＝∠CDE

したがって，四角形 ABCD の内角 ∠ABC とそれに向かい合う角の外角 ∠CDE が等しいから，四角形 ABCD は円に内接する。

よって，4点 A，B，C，D は同一円周上にある。

問18 △ABC の頂点 A から辺 BC に垂線 AH を下ろす。

教科書 **p.92** 線分 AH 上の点 D から，辺 AB，AC に，それぞれ垂線 DP，DQ を下ろし，線分 PQ を引く。このとき，次のことを証明せよ。

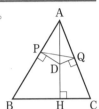

(1) ∠DPQ＝∠DAQ

(2) 4点 P，B，C，Q は同一円周上にある

- -

ガイド (1) 四角形 APDQ が円に内接することを示し，円周角の定理を用いる。

(2) 四角形 PBCQ について，教科書 p.91 の定理 13 を用いる。

解答▶ (1) ∠APD＝∠AQD＝90° であるから，

四角形 APDQ は線分 AD を直径とする円に内接する。

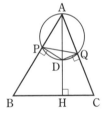

よって，円周角の定理により，

∠DPQ＝∠DAQ

(2) ∠APD＝90° であるから，

∠APQ＝90°－∠DPQ ……①

△AHC は直角三角形であるから， ∠ACH＝90°－∠HAC

すなわち， ∠QCB＝90°－∠DAQ ……②

①，②と(1)より， ∠APQ＝∠QCB

したがって，四角形の内角とそれに向かい合う角の外角が等しいから，四角形 PBCQ は円に内接する。

よって，4点 P，B，C，Q は同一円周上にある。

3 円の接線

☑ **問19**

教科書 **p.93**

右の図のように，周の長さが 26 の四角形 ABCD が円に外接している。AD＝5，CD＝7 のとき，辺 AB，BC の長さを，それぞれ求めよ。

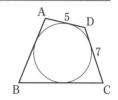

ガイド　ある円に対して，円の外部の 1 点から 2 本の接線を引くことができる。この外部の点から接点までの距離を**接線の長さ**という。

> **ここがポイント** 👉 **定理14[接線の長さ]**
>
> 円 O の外部の点 P から，この円に点 A，B で接する 2 本の接線を引くとき，2 つの接線の長さ PA と PB は等しい。
>
> $$PA＝PB$$

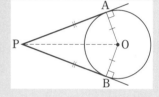

四角形の 4 つの辺すべてに接する円があるとき，この四角形は円に**外接する**という。

教科書 p.93 の例題 5 より，　AB＋CD＝BC＋DA であることを用いる。

解答　AB＋CD＝BC＋DA であるから，　AB＋7＝BC＋5

すなわち，　AB－BC＝－2 ……①

周の長さが 26 より，AB＋BC＋7＋5＝26

すなわち，　AB＋BC＝14 ……②

①，②より，　**AB＝6，BC＝8**

別解　辺 AB，辺 BC と円との接点を T，T′ とし，AT＝a，TB＝b とすると右の図のようになり，

$$CT′＝7－(5－a)＝a+2$$

周の長さが 26 より，

$$(a+b)+(b+a+2)+7+5＝26$$

すなわち，$2a+2b＝12$ より，　$a+b＝6$

よって，　**AB**＝$a+b$＝**6**，**BC**＝$b+a+2$＝**8**

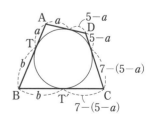

☑ **問20** 定理 15 は，∠BAT が
教科書
p.94
直角，鈍角の場合も成り
立つことを，それぞれ証
明せよ。

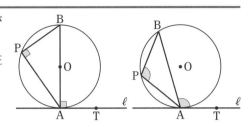

ガイド

ここがポイント 🖙 **定理15［接線と弦のなす角］**
円Oにおいて，弦 AB と点Aにおける接線
ℓ とのなす角 ∠BAT は，その角の内部にあ
る弧 AB に対する円周角 ∠APB に等しい。
∠BAT＝∠APB

解答▶

〈∠BAT が直角の場合〉

線分 AB が直径となるから，　　∠APB＝90° ……①

また，　　∠BAT＝90°　……②

①，②より，　　∠BAT＝∠APB＝90°

円の接線の性質を
思い出そう！

〈∠BAT が鈍角の場合〉

直径 AC を引くと，∠APC＝90° であり，

　　∠APB＝90°＋∠BPC　……①

また，∠CAT＝90° であるから，

　　∠BAT＝90°＋∠BAC　……②

円周角の定理により，　　∠BPC＝∠BAC

よって，①，②より，　　∠BAT＝∠APB

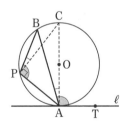

☑ **問21** 次の図のように円と直線 ℓ，m が接しているとき，角 α，β を求めよ。

教科書
p.94

(1)

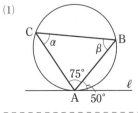

(2)

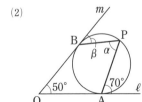

ガイド　定理15［接線と弦のなす角］を用いて考える。

(2)　AとBを結んで考える。

解答　(1)　接線と弦のなす角の定理により，　$\alpha=50°$

$\beta=180°-(75°+50°)=\textbf{55°}$

(2)　AとBを結ぶと，接線と弦のなす角の定
理により，　$\angle OAB=\angle APB=\alpha$

また，OA＝OB より，

$\angle OBA=\angle OAB=\alpha$

したがって，$50°+2\alpha=180°$ より，

$\alpha=\textbf{65°}$

$\beta=\angle PAB=180°-(65°+70°)=\textbf{45°}$

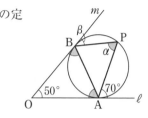

④ 方べきの定理

☑ **問22**

教科書
p.95

右の図において，△APT と △TPB の関係
を考えて，定理16(2)を証明せよ。

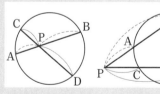

- -

ガイド　円と2直線について，次の**方べきの定理**が成り立つ。

> **ここがポイント** 👉 **定理16［方べきの定理］**
>
> (1)　円周上にない点P
> を通る2直線が，円
> と，それぞれ2点A，
> Bと2点C，Dで交
> わっているとき，
>
> 　　$PA\cdot PB=PC\cdot PD$　が成り立つ。
>
>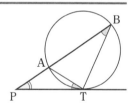
>
> (2)　円外の点Pを通る2直線の一方が
> 円と2点A，Bで交わり，もう一方が
> 点Tで接しているとき，
>
> 　　$PT^2=PA\cdot PB$　が成り立つ。
>
>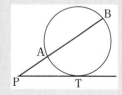

解答 △APT と △TPB において，∠ATP＝∠TBP，∠APT＝∠TPB

であるから，　△APT∽△TPB

したがって，　PA：PT＝PT：PB

よって，　PT²＝PA・PB

問23 次の図において，線分の長さ x を求めよ。ただし，点Tは接点とする。

教科書 **p.96**

(1)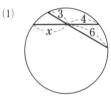

(2)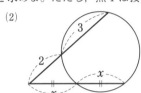

(3)

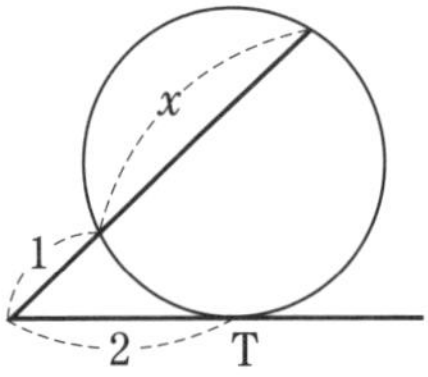

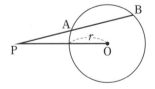

- -

ガイド 定理16［方べきの定理］を用いて考える。

解答 (1) 方べきの定理により，　$4 \times x = 3 \times 6$　　よって，　$x = \dfrac{9}{2}$

(2) 方べきの定理により，$2 \times (2+3) = x \times (x+x)$，$x^2 = 5$

$x > 0$ より，　$x = \sqrt{5}$

(3) 方べきの定理により，　$2^2 = 1 \times (1+x)$

よって，　$x = 3$

問24 右の図のように，半径 r の円Oに円外

教科書 **p.96** の点Pから引いた直線が，この円と2点

A，Bで交わっているとき，次の式が

成り立つことを証明せよ。

$$PA \cdot PB = PO^2 - r^2$$

- -

ガイド POを延長して円Oとの交点を2つつくり，方べきの定理を用いて

考える。

解答　PO を延長し，右の図のように円Oと
の2つの交点を C，D とする。

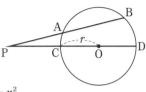

　　　方べきの定理により，

$$PA \cdot PB = PC \cdot PD$$
$$= (PO - r)(PO + r) = PO^2 - r^2$$

よって，$PA \cdot PB = PO^2 - r^2$ が成り立つ。

問25　右の図のように，2つの円が2点Q，R
で交わっている。

教科書
p.97

直線 QR 上の点 P から2つの円にそれぞれ
直線を引き，その交点を A，B と C，D とす
るとき，この4点が同一円周上にあること
を証明せよ。

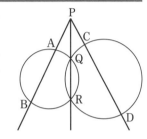

- -

ガイド

ここがポイント 👉 **定理17[方べきの定理⑴の逆]**

　　2つの線分 AB と CD，または，それらの延長どうしが点P
で交わっているとき，

$$PA \cdot PB = PC \cdot PD$$

ならば，4点 A，B，C，D は同一円周上にある。

解答　それぞれの円において，方べきの定理により，

$$PA \cdot PB = PQ \cdot PR \quad \cdots\cdots ①$$
$$PC \cdot PD = PQ \cdot PR \quad \cdots\cdots ②$$

　①，②より，　$PA \cdot PB = PC \cdot PD$

　よって，方べきの定理の逆により，4点 A，B，C，D は同一円周上
にある。

第2章 図形の性質

5 2つの円の位置関係

□ **問26**

教科書
p.98

2つの円 O, O' は中心間の距離が 10 のとき外接し，6 のとき内接するという。2つの円の半径を求めよ。ただし，半径は円 O の方が円 O' より大きいものとする。

- -

ガイド　点 O を中心とする半径 r の円と，点 O' を中心とする半径 r' の円において，中心間の距離 OO' を d とする。$r>r'$ のとき，この2つの円の位置関係について，次の5つの場合が考えられる。

(ア)　$d>r+r'$ のとき　　　　(イ)　$d=r+r'$ のとき

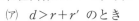 

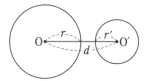

共有点 0 個　　　　　　　　　共有点 1 個

(ウ)　$r-r'<d<r+r'$　　(エ)　$d=r-r'$　　(オ)　$d<r-r'$
のとき　　　　　　　　のとき　　　　　　のとき

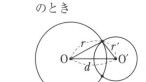

共有点 2 個　　　　　　共有点 1 個　　　　　共有点 0 個

(イ)，(エ)のように，2つの円がただ1つの共有点をもつとき，この2つの円は**接する**といい，その共有点を**接点**という。特に，(イ)のような場合を2つの円は**外接する**といい，(エ)のような場合を2つの円は**内接する**という。

2つの円が接するときは，中心 O, O' および接点は同一直線上にある。

本問では，中心間の距離が 10 のとき，上の(イ)の条件を満たし，6 のとき，(エ)の条件を満たす。

解答　円 O, O' の半径を，それぞれ r, r' $(r>r')$ とすると，

　　　$r+r'=10$　……①

　　　$r-r'=6$　……②

①，②より，$2r=16$，$r=8$　　したがって，$r'=2$

よって，　**円 O の半径は 8，円 O' の半径は 2**

☑ **問27**　次の図のように，2つの円 O，O′ に点 A，B でそれぞれ接する共通接

教科書
p.99　線があり，(1)では2つの円は外接している。このとき，線分 AB の長さ
を求めよ。

(1)

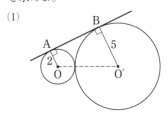

(2)

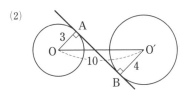

- -

ガイド　2つの円があるとき，その両方に接している直線を**共通接線**という。
引くことのできる共通接線の本数は，2つの円 O，O′ の位置関係に
より，次のように変わる。

　(ア)　共通接線 4 本　　　　　　　(イ)　共通接線 3 本

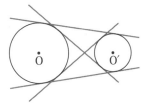
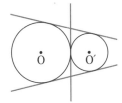

　(ウ)　共通接線 2 本　　　(エ)　共通接線 1 本 　　(オ)　共通接線 0 本

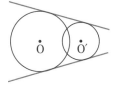

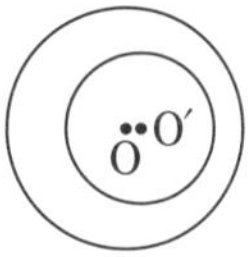

解答　(1)　O から線分 BO′ に下ろした垂線を
OH とすると，AB∥OH，AB＝OH
である。

　　　△OO′H は直角三角形であるから，
三平方の定理により，

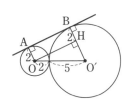

$$OH=\sqrt{(2+5)^2-(5-2)^2}$$
$$=\sqrt{7^2-3^2}=\sqrt{40}=2\sqrt{10}$$

よって，　**AB＝OH＝$2\sqrt{10}$**

(2)　Oを通り，直線 AB に平行な直線と
　　直線 O′B との交点をHとすると，
　　AO∥O′H である。
　　　△OHO′ は直角三角形であるから，
　　三平方の定理により，

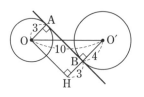

$$OH=\sqrt{10^2-(3+4)^2}=\sqrt{10^2-7^2}=\sqrt{51}$$

　　よって，**$AB=OH=\sqrt{51}$**

問28　半径 r の円Oと半径 4 の円 O′ があり，中心間の距離は 12 である。こ
教科書
p.99　の2つの円に引くことのできる共通接線の本数がちょうど2本であると
き，r の値の範囲を求めよ。

- -

ガイド　共通接線が2本であるのは，前ページ **ガイド** の(ウ)のときで，2つの
円が2点で交わるときである。

解答　共通接線が2本であるのは，2つの円が2点で交わるときである。
$r≦4$ のとき2つの円が2点で交わるならば，中心間の距離 OO′ につ
いて，$OO′<r+4≦8$ となるが，$OO′=12$ より，条件に適さない。
したがって，$r>4$
　　2つの円が2点で交わるとき，$r-4<OO′<r+4$ を満たすから，
$OO′=12$ より，　$r-4<12<r+4$　　よって，　**$8<r<16$**

別解　円Oと円 O′ が2点で交わるとき，r は，$|r-4|<12<r+4$ を満た
す。
　　$|r-4|<12$ より，　$-12<r-4<12$
　　$r>0$ より，$0<r<16$　……①
　　また，$12<r+4$ より，　$r>8$　……②
　　①，②より，　**$8<r<16$**

節末問題

1

教科書
p.100

△ABC の辺 AB，BC，CA 上に，それぞれ点 P，Q，R をとり，3 点 P，B，Q を通る円と 3 点 Q，C，R を通る円の交点のうち，Q と異なる点を S とする。このとき，4 点 A，P，S，R は同一円周上にあることを証明せよ。

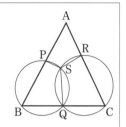

ガイド 　四角形 PBQS と四角形 CRSQ はそれぞれ円に内接することから，∠SQB＝∠SPA，∠SQC＝∠SRA を使って示す。

解答 　四角形 PBQS は円に内接するから，

$$\angle SQB = \angle SPA$$

四角形 CRSQ は円に内接するから，

$$\angle SQC = \angle SRA$$

∠SQB＋∠SQC＝180° であるから，

$$\angle SPA + \angle SRA = 180°$$

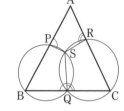

したがって，四角形 APSR の向かい合う内角の和が 180° になるから，四角形 APSR は円に内接する。

よって，4 点 A，P，S，R は同一円周上にある。

2

教科書
p.100

辺 BC を斜辺とする直角三角形 ABC の内接円 O は，辺 AB，AC と，それぞれ点 P，Q で接していて，PB＝2，QC＝3 とする。このとき，内接円 O の半径を求めよ。

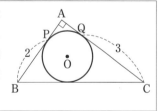

ガイド 　内接円 O の半径を r とすると，AP＝AQ＝r となり，四角形 APOQ は正方形になる。三角形 ABC は直角三角形であるから，三平方の定理を用いる。

解答▶　内接円Oの半径を r とすると，右の図の
ようになる。

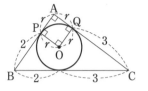

　　直角三角形 ABC において，三平方の定
理により，$AB^2 + AC^2 = BC^2$ が成り立つか
ら，　$(r+2)^2 + (r+3)^2 = (2+3)^2$
　　　　$r^2 + 5r - 6 = 0$,　$(r-1)(r+6) = 0$
$r > 0$ より，　$r = 1$　　よって，円Oの半径は **1**

▱**3**

教科書
p.100

次の図のように，円Oと直線 ℓ が点Aで接しているとき，角 α を求め
よ。

(1) 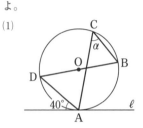　　(2)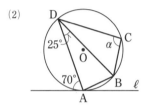

ガイド　(1)　A，B を結んで考える。DB は直径であるから，「半円の弧に対
する円周角は 90° である」が使える。

　　　(2)　四角形 ABCD は円に内接するから，「向かい合う内角の和は
180°」が使える。

解答▶　(1)　2点A，B を結ぶと，BD が直径であるから，
　　　　　∠DAB = 90°
　　　接線と弦のなす角の定理により，
　　　　　∠ABD = 40°
　　　円周角の定理により，
　　　　　∠BDA = ∠BCA = α
　　　よって，$\alpha = 180° - (90° + 40°) = $**50°**

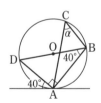

　　　(2)　接線と弦のなす角の定理により，∠ABD = 70°
　　　であるから，
　　　　　∠BAD = 180° - (70° + 25°) = 85°
　　　四角形 ABCD は円に内接するから，
　　　　　$\alpha = 180° - 85° = $**95°**

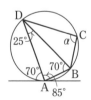

☑ 4

教科書
p.100

右の図において，2つの円は点Tで外接している。このとき，線分の長さxを求めよ。

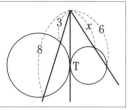

ガイド　2つの円の共通接線に注目し，方べきの定理を用いて求める。

解答　右の図のように点を定める。

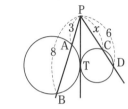

それぞれの円において，方べきの定理より，

$PA \cdot PB = PT^2$，$PC \cdot PD = PT^2$ であるから，

$3 \cdot 8 = PT^2$　　$x \cdot 6 = PT^2$

よって，$3 \cdot 8 = x \cdot 6$，$x = 4$

☑ 5

教科書
p.100

右の図のように，2つの円 O，O′ が点Tで外接し，Tを通る2つの直線が，それぞれの円と2点 A，B と C，D で交わっている。このとき，AC∥DB であることを証明せよ。

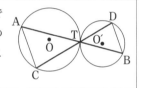

ガイド　接点Tを通る円Oと円O′の共通接線を引いて，接線と弦のなす角の定理を用いて証明する。

解答　接点Tを通る円Oと円O′の共通接線を引き，接線上に点P，Qをそれぞれ右の図のようにとる。

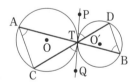

円Oについて，接線と弦のなす角の定理より，

　　　　∠CTQ＝∠CAT　……①

円O′について，接線と弦のなす角の定理より，

　　　　∠DTP＝∠DBT　……②

対頂角は等しいから，　∠CTQ＝∠DTP　……③

①，②，③より，　∠CAT＝∠DBT

錯角が等しいから，　AC∥DB

第3節 作図

1 作図

☑ **問29** △ABC が与えられたとき，その外接円を作図せよ。

教科書
p.101
- -

ガイド 外接円の中心は，3点 A，B，C から等しい距離にあるから，それぞれの辺の垂直二等分線の交点になる。

解答 ① 2辺 AB，BC の垂直二等分線の交点Oをとる。

② 点Oを中心として半径 OA の円をかく。

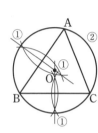

このとき，点Oは2辺 AB，BC の垂直二等分線の交点であるから，

△ABC の外心である。

よって，点Oを中心とする半径 OA の円が求める外接円である。

- -

☑ **問30** 与えられた線分 AB を 3：1 に外分する点を作図せよ。

教科書
p.102
- -

ガイド 線分 AB を3：1に外分する点をCとすると，AC：CB＝3：1 より，AB：BC＝2：1 である。

解答 ① 点Aを通り，線分 AB と異なる半直線 AX を引く。

② 半直線 AX 上に，点Aから等間隔に点P，Q，R をとる。

③ 点Rを通り直線 QB に平行な直線を引き，半直線 AB との交点をCとする。

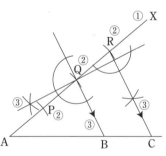

このとき，RC∥QB より，

AC：CB＝AR：RQ＝3：1 である。

よって，点Cが求める点である。

☑ **問31** 　長さ1の線分 AB と，長さ a，b の2つの線分が与えられたとき，長さ

教科書 **p.102** 　$\dfrac{b}{a}$ の線分を作図せよ。

- -

ガイド 　平行線の性質を用いて，$a:b=1:x$ となる長さ x の線分を作図する。

解答 　① 　点Aを通り，半直線 AB と異なる
半直線 ℓ を引く。

② 　半直線 ℓ 上に $AC=a$，$AD=b$
となる点C，Dをとる。

③ 　点Dを通り直線 BC に平行な直線
を引き，半直線 AB との交点をEと
する。

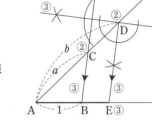

このとき，CB∥DE より，

$\qquad AC:AD=AB:AE$

したがって，$a:b=1:AE$ より，$AE=\dfrac{b}{a}$ である。

よって，AE が求める線分である。

☑ **問32** 　長さ a，b の2つの線分が与えられたとき，長さ $\sqrt{ab}$ の線分を作図せ

教科書 **p.103** 　よ。

- -

ガイド 　$x=\sqrt{ab}$ とおくと，$x^2=ab$ であるから，方べきの定理が使えるよ
うに作図をする。

解答 　① 　長さ a の線分 AB を引き，直線 AB の
Bの側の延長上に $BC=b$ となる点C
をとる。

② 　線分 AC の中点Oをとり，点Oを中心
として半径 OA の円をかく。

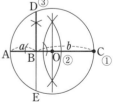

③ 　点Bを通って，線分 AC に垂直な直線
を引き，円Oとの交点を D，E とする。

このとき，DE⊥AC より，BD＝BE

方べきの定理により，BD・BE＝BA・BC

したがって，$BD^2=ab$ 　　BD>0 より，$BD=\sqrt{ab}$ である。

よって，線分 BD が求める線分である。

第 2 章 図形の性質

節 末 問 題

☑ **1**

教科書
p.104

△ABC が与えられたとき，その内接円を作図せよ。

ガイド　内接円の中心は，辺 AB と BC，辺 BC と CA，辺 CA と AB から
等しい距離にあるから，内角の二等分線の交点である。

解答　① ∠A，∠B の二等分線を引き，
　　　その交点を I とする。

② 点 I から辺 BC に垂線を引き，
　　　辺 BC との交点を H とする。

③ 点 I を中心とし，半径 IH の
　　　円をかく。

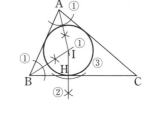

このとき，点 I は ∠A，∠B の二等分線の交点であるから，
△ABC の内心である。

よって，点 I を中心とする半径 IH の円が求める内接円である。

☑ **2**

教科書
p.104

△ABC が与えられたとき，次のものを作図せよ。

(1)　辺 AB 上の点 P と辺 AC 上の点 Q が，
　　PQ∥BC，2PQ=BC を満たすときの
　　点 P，Q

(2)　△ABC と等しい面積の長方形 BCDE

ガイド　(1)　PQ∥BC，2PQ=BC を満たす点 P，Q はそれぞれ辺 AB，AC
の中点である。

(2)　辺 BC は共通であるから，求める長方形の縦の長さが △ABC

の高さの $\frac{1}{2}$ となる。

解答　(1)　① 辺 AB の垂直二等分線を引き，
　　　　　辺 AB との交点を P とする。

② 辺 AC の垂直二等分線を引き，
　　　　　辺 AC との交点を Q とする。

このとき，中点連結定理により，

PQ∥BC，2PQ=BC である。

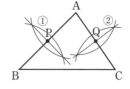

(2)　① 点Bから直線PQに垂線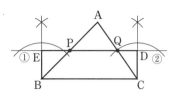
を引き，直線PQとの交点
をEとする。

② 点Cから直線PQに垂線
を引き，直線PQとの交点
をDとする。

このとき，BC∥ED と ED⊥BE，ED⊥CD より，

四角形BCDEは長方形となり，(1)より，長方形BCDEの高さは

△ABCの高さの $\dfrac{1}{2}$ となるから，長方形BCDEの面積は△ABC

の面積と等しい。

 3

教科書
p.104

長さ1の線分 AB が与えられたとき，$\dfrac{4}{3}$ の長さの線分を作図せよ。

ガイド　求める線分を AC とすると，点Cは線分 AB を 4：1 に外分する点
である。

解答　① 点Aを通り，半直線 AB と異な
る半直線 AX を引く。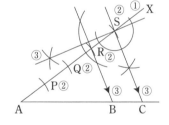

② 半直線 AX 上に，点Aから等間
隔に点P，Q，R，Sをとる。

③ 点Sを通り直線RBに平行な直
線を引き，直線 AB との交点をC
とする。

このとき，SC∥RB より，AB：AC＝AR：AS＝3：4 である。

したがって，1：AC＝3：4 より，AC＝$\dfrac{4}{3}$ である。

よって，AC が求める線分である。

▱ **4**

教科書
p.104

　　長方形 ABCD があり，AB=a，AD=b，$a>b$ とする。この長方形 ABCD と同じ面積をもつ正方形は，次のようにして作図できる。辺 AB の B の側の延長上に点 E を BE=b となるようにとる。線分 AE を直径とする円と半直線 BC との交点を F とする。このとき，1辺が BF である正方形を作図すると，長方形 ABCD と等しい面積になる。この理由を説明せよ。

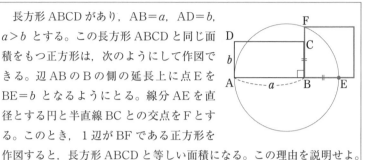

ガイド　FB を延長し，点 F とは異なる円との交点を G として，方べきの定理を用いて示す。

解答　直線 BF と円との交点のうち，F と異なる点を G とする。

　　線分 AE は直径であるから，BF=BG

　　方べきの定理により，BF・BG=BA・BE=ab

　　したがって，BF²=ab

　　よって，1辺が BF である正方形は，長方形 ABCD と等しい面積になる。

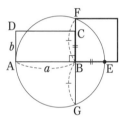

第4節 空間図形

1 平面と直線

教科書
p.106

□ **問33** 3直線があり，どの2直線も交わっているとき，この3直線が同一平面上にあることはつねに成り立つか。理由をつけて答えよ。

ガイド 次のような条件を満たす平面は，ただ1つ存在する。

(1) 同一直線上にない異なる3点を含む

(2) 1直線とその上にない1点を含む

(3) 交わる2直線を含む

(4) 平行な2直線を含む

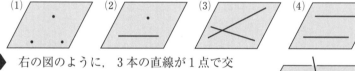

解答 右の図のように，3本の直線が1点で交わっている場合などがあり，同一平面上にあるとは限らない。

教科書
p.107

□ **問34** 右の図の立方体 ABCD-EFGH において，次の2直線のなす角を 0° 以上 90° 以下の範囲で求めよ。

(1) 直線 AD，直線 EF

(2) 直線 AB，直線 CF

(3) 直線 AC，直線 AF

ガイド 異なる2直線 ℓ, m については，次のいずれか1つのみが成り立つ。

(1) 1点で交わる ┐
(2) 平行である ┘同一平面上にある

(3) 同一平面上にない

(3)のとき，2直線は**ねじれの位置**にあるという。

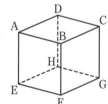

2直線 ℓ, m に対し，1点Oを通って ℓ, m にそれぞれ平行な直線 ℓ', m' を引く。このとき，ℓ' と m' のなす角は点Oをどこにとっても等しくなる。このなす角を **2直線 ℓ, m のなす角**という。

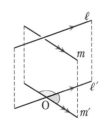

2直線 ℓ, m のなす角が 90° のとき，この2直線は**垂直**であるといい，$\ell \perp m$ と書く。また，垂直な2直線が交わるとき，それらは**直交**するという。

解答▶
(1) EF//AB より，直線 AD と直線 EF のなす角は，直線 AD と直線 AB のなす角に等しく，**90°**

(2) AB//EF より，AB と CF のなす角は，EF と CF のなす角に等しい。四角形 DEFC は長方形であるから，求める角度は **90°**

(3) 立方体の各面は合同な正方形であるから，対角線の長さはすべて等しく，AC＝AF＝CF
　　△AFC は正三角形であるから，AC と AF のなす角は **60°**

問35 正四面体 ABCD において，辺 BC の中点を M とするとき，点Aから線分 DM に下ろした垂線を AH とする。このとき，AH⊥平面 BCD であることを証明せよ。

教科書 **p.108**

- -

ガイド 直線 ℓ と平面 α については，次のいずれか1つのみが成り立つ。

(1) 共有点がない　　(2) 1点だけを共有する

(3) 直線が平面に含まれる

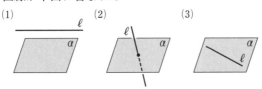

(1)のとき，ℓ と α は**平行**であるといい，$\ell // \alpha$ と書く。

(2)のとき，ℓ と α は**交わる**という。

直線 ℓ が平面 α 上のすべての直線に垂直であるとき，ℓ は α に**垂直**である，または α に**直交**するといい，$\ell \perp \alpha$ と書く。このとき，ℓ を平面 α の**垂線**という。

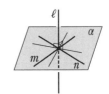

ここがポイント

　直線 ℓ が，平面 α 上の交わる 2 直線 m，n に垂直ならば，$\ell\perp\alpha$ である。

垂線 AH が，平面 BCD 上の交わる 2 直線と垂直であることを示す。

解答 教科書 p.108 の例題 7 (1)より，
BC⊥平面 AMD で，AH は平面 AMD
上の直線であるから，　　AH⊥BC
また，仮定から，　　AH⊥DM
線分 BC，DM は平面 BCD 上の交わる
2 直線であるから，　　AH⊥平面 BCD

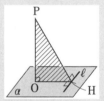

参考 教科書 p.108 の例題 7 や問 35 より，次の**三垂線の定理**が成り立つことがわかる。

ポイント プラス **定理18［三垂線の定理］**

　平面 α 上の直線 ℓ，ℓ 上の点 H，ℓ 上にない α 上の点 O，α 上にない点 P があるとき，
(1) OP⊥α，OH⊥ℓ ならば，PH⊥ℓ
(2) OP⊥α，PH⊥ℓ ならば，OH⊥ℓ
(3) PH⊥ℓ，OH⊥ℓ，OH⊥OP ならば，OP⊥α

問36 上の定理 18 (2)を証明せよ。

教科書 **p.108**

ガイド 平面 OPH⊥ℓ がいえると，OH⊥ℓ が証明できる。

解答 OP⊥α より，　　OP⊥ℓ
また，PH⊥ℓ であるから，平面 OPH⊥ℓ がいえる。
よって，　　OH⊥ℓ

問37 右の図のような直方体 ABCD-EFGH におい

教科書
p.109
て，AB=AD=$\sqrt{3}$，AE=1 である。このとき，次の2平面のなす角を求めよ。

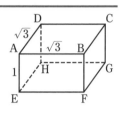

(1)　平面 AEGC と平面 AEHD

(2)　平面 AFGD と平面 AEHD

(3)　平面 AEGC と平面 BDHF

- -

ガイド 異なる2平面 α, β について
は，次のいずれか一方のみが成
り立つ。

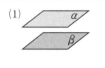

(1)　共有点がない

(2)　1直線だけを共有する

(1)のとき，2平面は**平行**であるといい，$\alpha \parallel \beta$ と書く。

(2)のとき，2平面は**交わる**といい，共有する直線を**交線**という。

2平面 α, β の交線上に点Oをとり，Oを通る，α 上の交線の垂線を ℓ，β 上の交線の垂線を m とする。このとき，2直線 ℓ, m のなす角を**2平面 α, β のなす角**という。

特に，2平面 α, β のなす角が90°のとき，この2平面は**垂直**であるといい，$\alpha \perp \beta$ と書く。

解答 (1)　△DAC は直角二等辺三角形であるから，∠CAD=45°

よって，平面 AEGC と平面 AEHD のなす角は，**45°**

(2)　△AEF は AE=1, EF=$\sqrt{3}$, ∠AEF=90° の直角三角形であるから，∠FAE=60°

よって，平面 AFGD と平面 AEHD のなす角は，**60°**

(3)　正方形の2本の対角線は垂直に交わるから，AC⊥BD

よって，平面 AEGC と平面 BDHF のなす角は，**90°**

☐ **問38**　空間において，異なる 2 直線 ℓ，m と異なる 3 平面 α，β，γ があるとき，

教科書
p.109　次の(1)〜(3)がつねに成り立つかどうか答えよ。また，成り立たないとき
は，その図をかけ。

(1)　$\alpha \perp \ell$ かつ $\beta \perp \ell$ ならば，$\alpha /\!/ \beta$

(2)　$\alpha /\!/ \ell$ かつ $\alpha /\!/ m$ ならば，$\ell /\!/ m$

(3)　$\alpha /\!/ \beta$ かつ $\alpha \perp \gamma$ ならば，$\beta \perp \gamma$

- -

ガイド　(2)　図のように，ℓ と m は，交わったりねじれの位置になったりする場合がある。

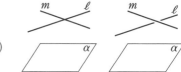

解答　(1)　**成り立つ**。

(2)　**成り立たない**。（例は右の図）

(3)　**成り立つ**。

② 多面体

☐ **問39**　1 辺の長さが $2a$ の正四面体 P があり，6 つの
辺の中点を頂点とする立体 Q をつくる。このと
き，次の問いに答えよ。

教科書
p.111

(1)　応用例題 8 の結果を用いて，正四面体 P の
体積を求めよ。

(2)　立体 Q の体積を求めよ。

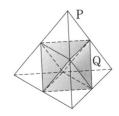

- -

ガイド　いくつかの多角形で囲まれた空間図形を**多面体**という。

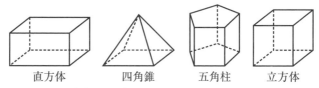

直方体　　　　四角錐　　　　五角柱　　　　立方体

多面体をつくる多角形を多面体の**面**，面の頂点を多面体の**頂点**，面
の辺を多面体の**辺**，同じ面に含まれない 2 つの頂点を結ぶ線分を多面
体の**対角線**という。

多面体のうち，面上のどの 2 点を結んだ線分も多面体内に含まれる
ものを**凸多面体**という。

凸多面体のうち，各面が合同な正多角形で，各頂点に集まる面の数，辺の数が等しいものを**正多面体**という。

正多面体には次の5種類があり，これしかないことが知られている。

正四面体　　正六面体　　正八面体　　正十二面体　正二十面体

応用例題8より，1辺の長さが a の正四面体の体積は，$\dfrac{\sqrt{2}}{12}a^3$ である。

(2) 立体Qの体積は，正四面体Pから，1辺の長さが a の正四面体を4つ取り除いたものになる。

解答▶　(1) 応用例題8より，1辺の長さが a の正四面体の体積は $\dfrac{\sqrt{2}}{12}a^3$ で，正四面体Pの1辺の長さは $2a$ であるから，この体積は，

$$\frac{\sqrt{2}}{12}(2a)^3=\frac{2\sqrt{2}}{3}a^3$$

(2) 立体Qの頂点は，すべて正四面体Pの辺の中点であるから，立体Qの体積は，正四面体Pから右のような正四面体4つの体積を引いたものとなる。

よって，立体Qの体積は，

$$\frac{2\sqrt{2}}{3}a^3-4\times\frac{\sqrt{2}}{12}a^3=\frac{\sqrt{2}}{3}a^3$$

参考▶　(2) 立体Qは，1辺の長さが a の正八面体になる。

☑ **問40**　次の凸多面体について，頂点の数，辺の数，面の数を調べて，オイラー
教科書　　の多面体定理が成り立つことを確かめよ。
p.112

- -

ガイド　一般に，すべての凸多面体において，$v-e+f$ の値はつねに2であ
ることがわかっている。これを，**オイラーの多面体定理**という。

> **ここがポイント** 👉 **定理19[オイラーの多面体定理]**
> 凸多面体で，頂点の数を v，辺の数を e，面の数を f とすると，
> $$v-e+f=2$$

解答　正十二面体，正二十面体は，それぞれ
右のような立体である。

正十二面体の各頂点には，3つの面が
集まっている。各面は正五角形で，1つ
の面の頂点の数は5である。面の数は
12であるから，正十二面体の頂点の数は，$v=(5\times12)\div3=20$

正十二面体　　正二十面体

正十二面体の各辺は2つの面の交線であり，1つの面の辺の数は5
で，面の数は12であるから，正十二面体の辺の数は，
$$e=(5\times12)\div2=30$$

このとき，$v-e+f=20-30+12=2$ より，オイラーの多面体定理
が成り立つ。

同様に，正二十面体の頂点の数は，$v=(3\times20)\div5=12$，
辺の数は，$e=(3\times20)\div2=30$ となり，$v-e+f=12-30+20=2$ と
なる。

他の凸多面体についても調べると，次の表のようになる。

凸多面体	頂点の数 v	辺の数 e	面の数 f	$v-e+f$
(例) 四面体	4	6	4	2
立方体	8	12	6	2
四角錐	5	8	5	2
五角柱	10	15	7	2
正十二面体	20	30	12	2
正二十面体	12	30	20	2

第2章 図形の性質

研究 〉 正多面体は5種類しかない

問題 次のことを証明せよ。

教科書 **p.113**
(1) 面が正四角形(正方形)である正多面体は，正六面体(立方体)である。

(2) 面が正五角形である正多面体は，正十二面体である。

- -

ガイド 正多面体が存在するためには，次の2つが成り立つことが必要である。

① 1つの頂点に集まる面の数は3以上

② 頂点のまわりの多角形の角の和は360°より小さい

このことから，1つの頂点に集まる面の数を考えてから，オイラーの多面体定理にあてはめて面の数を求める。

解答 (1) 正四角形の1つの角は90°であるから，1つの頂点に集まる面の数は3のみである。

$v = 4f \div 3$, $e = 4f \div 2$ となり，

$v - e + f = 2$ より，

$\dfrac{4}{3}f - 2f + f = 2$ となるから，

$f = 6$

よって，正六面体である。

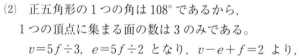

1つの頂点に面が4つ集まると，頂点のまわりの角の和は360°で平面になるから立体はできないね。

(2) 正五角形の1つの角は108°であるから，

1つの頂点に集まる面の数は3のみである。

$v = 5f \div 3$, $e = 5f \div 2$ となり，$v - e + f = 2$ より，

$\dfrac{5}{3}f - \dfrac{5}{2}f + f = 2$ となるから，$f = 12$

よって，正十二面体である。

節 末 問 題

第4節｜空間図形

1
教科書
p.114

右の図のような，すべての辺の長さが等しい
正四角錐 ABCDE がある。このとき，次の2直
線のなす角を $0°$ 以上 $90°$ 以下の範囲で求めよ。

(1)　直線 BC，直線 BD

(2)　直線 AB，直線 AD

(3)　直線 BC，直線 AD

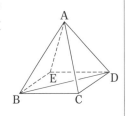

ガイド　(3)　BC∥ED であるから，直線 BC と直線 AD のなす角は，直線
ED と直線 AD のなす角に等しくなることから求める。

解答　(1)　四角形 BCDE は正方形であるから，∠DBC＝45°
より，**45°**

(2)　1辺の長さを a とすると，△BCD で三平方の定理により，
BD＝$\sqrt{2}\,a$　　また，AB＝AD＝a より，△ABD は直角二等辺
三角形。よって，∠BAD＝90°より，**90°**

(3)　BC∥ED より，直線 BC と直線 AD のなす角は，直線 ED と
直線 AD のなす角に等しい。
△AED は正三角形であるから，∠ADE＝60° より，**60°**

2
教科書
p.114

立方体 ABCD-EFGH において，次の
ことを証明せよ。

BD⊥平面 AEC

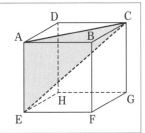

ガイド　BD が，平面 AEC 上の交わる2直線と垂直であることを示せばよ
い。

解答　正方形の2つの対角線は垂直に交わるから，BD⊥AC
AE⊥平面 ABCD で，BD は平面 ABCD 上の直線であるから，
BD⊥AE
AC，AE は平面 AEC 上の交わる2直線であるから，BD⊥平面 AEC

□3

教科書
p.114

　右の図のような直方体 ABCD-EFGH において，AD=3，AB=4，AE=2 である。点Dから線分 EG に垂線 DP を引くとき，次の問いに答えよ。

(1) HP⊥EG であることを示せ。

(2) HP，DP の長さを，それぞれ求めよ。

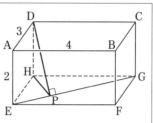

ガイド (1) 三垂線の定理を使って示す。

(2) △EPH∽△EHG であることを使って求める。

解答 (1) 直方体であるから，DH⊥平面 EFGH

また，DP⊥EG

よって，三垂線の定理により，HP⊥EG

(2) △EPH と △EHG で，∠PEH=∠HEG

また，(1)より，HP⊥EG であるから，∠EPH=∠EHG=90°

2組の角が等しいから，△EPH∽△EHG

よって，HE：GE=HP：GH

三平方の定理により，GE=$\sqrt{3^2+4^2}$=$\sqrt{25}$=5 であるから，

3：5=HP：4 より，**HP=$\dfrac{12}{5}$**

また，△DHP は直角三角形であるから，三平方の定理により，

$$\mathbf{DP}=\sqrt{2^2+\left(\frac{12}{5}\right)^2}=\sqrt{\frac{244}{25}}=\frac{2\sqrt{61}}{5}$$

別解 (1) DH⊥平面 EFGH より，DH⊥EG

また，DP⊥EG

DH，DP は平面 DHP 上の交わる2直線であるから，

EG⊥平面 DHP

よって，HP⊥EG

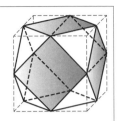

4 右の図は，正六面体において，各辺の中点を
通る平面でかどを切り取った立体である。この
立体はすべての辺の長さが等しい正三角形8個
と正方形6個でできている。このとき，次のも
のを求めよ。

教科書
p.114

(1) この立体の頂点の数と辺の数

(2) この立体の1辺の長さを a とするとき，その体積

ガイド (1) オイラーの多面体定理を用いて求める。

(2) 求める立体の体積は，正六面体の体積から，切り取った8個の
三角錐の体積を引くと求められる。

解答 (1) 頂点，辺，面の数をそれぞれ v, e, f とする。

$$f=8+6=14, \quad e=(3\times8+4\times6)\div2=24$$

オイラーの多面体定理により，$v-e+f=2$

$$v-24+14=2, \quad v=24-14+2=12$$

したがって，**頂点の数は12, 辺の数は24**

(2) 立体の1辺の長さが a のとき，切り取る前の正六面体の1辺の
長さは $\sqrt{2}\,a$ である。

したがって，正六面体の体積は，$(\sqrt{2}\,a)^3=2\sqrt{2}\,a^3$

取り除いた8個の三角錐はすべて同じであり，その体積は，

$$\frac{1}{3}\times\frac{1}{2}\times\left(\frac{\sqrt{2}}{2}a\right)^2\times\frac{\sqrt{2}}{2}a=\frac{\sqrt{2}}{24}a^3$$

よって，求める体積は，$2\sqrt{2}\,a^3-8\times\dfrac{\sqrt{2}}{24}a^3=\dfrac{5\sqrt{2}}{3}\boldsymbol{a^3}$

第2章 図形の性質

章 末 問 題

A

□ **1.**
教科書
p.116
　　次の図において，角 x を求めよ。ただし，(2)の2円は点Tで内接し，直線 ℓ はTを通る2円の共通接線である。

(1)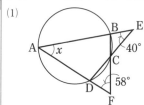

(2)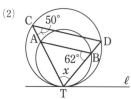

ガイド　(1)　円に内接する四角形の内角は，それに向かい合う角の外角に等しいことを利用する。

(2)　接線と弦のなす角に着目して求める。

解答　(1)　四角形 ABCD は円に内接するから，　∠DCF＝∠BAD＝x
　　　　△ADE の外角であるから，　∠CDF＝x＋40°
　　　　したがって，△CDF において，　x＋(x＋40°)＋58°＝180°
　　　　よって，x＝**41°**

(2)　右の図のように，∠DTP が鋭角となるように直線 ℓ 上に点Pをとる。
　　　このとき，大きい方の円において，
　　　　　∠DTP＝∠TCD＝50°
　　　また，小さい方の円において，
　　　∠DTP＝∠TAB より，∠TAB＝50°
　　　したがって，△ATB で，　x＝180°－(50°＋62°)＝**68°**

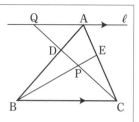

□ **2.**
教科書
p.116
　　△ABC において，点Aを通り，辺 BC に平行な直線 ℓ を引く。辺 AB を 1：2 に内分する点をD，辺 AC を 2：3 に内分する点をEとする。直線 CD と，線分 BE，直線 ℓ との交点を，それぞれ P，Q とするとき，次の比を求めよ。

(1)　CP：PD　　(2)　CP：PQ　　(3)　△DAQ：△PBC

ガイド (1) △ADC と直線 BE に着目して, メネラウスの定理を用いて求める。

(2) ℓ∥BC から, QD：DC を求め, (1)で求めた CP：PD とあわせて考える。

(3) △DAQ と △PBC の面積が, それぞれ △DBC の面積の何倍であるかを考えて求める。

解答 (1) △ADC と直線 BE において,
メネラウスの定理により,

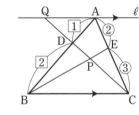

$$\frac{DP}{PC}\cdot\frac{3}{2}\cdot\frac{3}{2}=1$$

すなわち, $\dfrac{DP}{PC}=\dfrac{4}{9}$

よって, **CP：PD＝9：4**

(2) ℓ∥BC より,

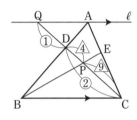

QD：DC＝AD：DB＝1：2

CP：PD：DQ＝9：4：$\dfrac{13}{2}$

$$=18：8：13$$

PQ＝PD＋DQ より,

CP：PQ＝18：21＝6：7

(3) △DBC を基準にして考える。
△DAQ∽△DBC で, AD：BD＝1：2 であるから,

$$△DAQ=\frac{1}{4}△DBC \quad\cdots\cdots①$$

また, △PBC と △DBC で, CP：PD＝9：4 であるから,

$$△PBC=\frac{9}{13}△DBC \quad\cdots\cdots②$$

①, ②より, 　**△DAQ：△PBC**$=\dfrac{1}{4}：\dfrac{9}{13}=$**13：36**

3.
教科書
p.116

△ABC の内心を I とする。直線 AI が
△ABC の外接円と交わる点を D とするとき,
次のことを証明せよ。

(1) DB＝DC

(2) DB＝DI

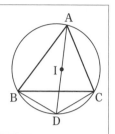

ガイド △DBC と △DBI がそれぞれ二等辺三角形であることを示せばよい。

解答 (1) 点 I は △ABC の内心であるから,
$$\angle BAD = \angle CAD \quad \cdots\cdots①$$
同じ弧に対する円周角は等しいから,
弧 CD で,　$\angle CBD = \angle CAD \quad \cdots\cdots②$
弧 BD で,　$\angle BAD = \angle BCD \quad \cdots\cdots③$
①, ②, ③より,　$\angle CBD = \angle BCD$
よって, △DBC は二等辺三角形であるから, DB＝DC

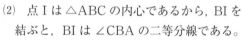

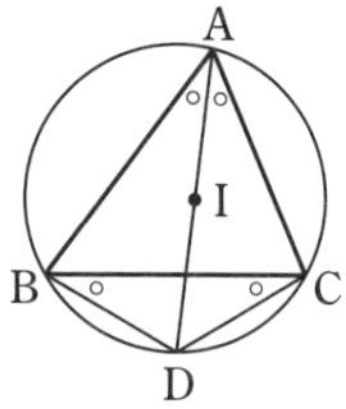

(2) 点 I は △ABC の内心であるから, BI を
結ぶと, BI は ∠CBA の二等分線である。
したがって, $\angle IBA = \angle IBC$

$$\begin{aligned}\angle IBD &= \angle IBC + \angle CBD\\&= \angle IBA + \angle CAD\\&= \angle IBA + \angle IAB\\&= \angle BID\end{aligned}$$

よって, △DBI は二等辺三角形であるから, DB＝DI

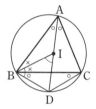

4.
教科書
p.116

右の図のような, AB＝AC, DB＝DC の四
面体 ABCD がある。辺 BC の中点を M, A
から線分 DM に下ろした垂線を AH とする
とき, 次のことを証明せよ。

(1) AH⊥平面 BCD

(2) 点Hが △BCD の垂心であるならば,
BD⊥平面 AHC である

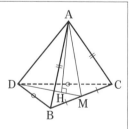

ガイド (1) まず，△ABC と △DBC は二等辺三角形であることから，
BC⊥平面 ADM であることを示す。

(2) (1)より，AH⊥BD であることと，H が垂心であることを用い
て証明する。

解答 (1) △ABC は AB=AC の二等辺三角形であるから，AM⊥BC
△DBC は DB=DC の二等辺三角形であるから，DM⊥BC
AM，DM は平面 ADM 上の交わる 2 直線であるから，
BC⊥平面 ADM

AH は平面 ADM 上にあるから，AH⊥BC
また，AH⊥DM
BC，DM は平面 BCD 上の交わる 2 直線であるから，
AH⊥平面 BCD

(2) (1)より，BD は平面 BCD 上にあるから，
AH⊥BD

右の図のように CH を引くと，H は
△BCD の垂心であるから，BD⊥CH
CH，AH は平面 AHC 上の交わる 2 直
線であるから，　BD⊥平面 AHC

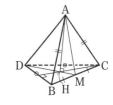

別解 (1) △ABC は二等辺三角形であるから，AM⊥BC
△DBC は二等辺三角形であるから，DM⊥BC より，
HM⊥BC

また，AH⊥DM より AH⊥HM
よって，三垂線の定理により，AH⊥平面 BCD

B

☑ **5.**
教科書 **p.117**

△ABC において，AB=AC=5，BC=$\sqrt{5}$ とする。辺 AC 上に点D を AD=3 となるようにとり，辺 BC のBの側の延長上と △ABD の外接円との交点でBと異なるものをEとする。このとき，次のものを求めよ。

(1) 線分 BE の長さ

(2) 辺 AB と線分 DE の交点をPとしたとき，$\dfrac{DP}{EP}$

(3) 線分 EP の長さ

ガイド 問題にあうように図をかくと，右のようになるから，方べきの定理やメネラウスの定理が用いられる。

(3) まず，AP：PB を求めてから，方べきの定理を用いてEPを求める。

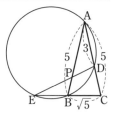

解答 (1) BE=x とすると，方べきの定理により，

CB·CE=CD·CA

CD=2 より，$\sqrt{5}(\sqrt{5}+x)=2\times5$

$x=\sqrt{5}$ より，**BE=$\sqrt{5}$**

(2) △ECD と直線 AB において，メネラウスの定理を使う。

(1)より，BE=$\sqrt{5}$ であるから，$\dfrac{DP}{PE}\cdot\dfrac{\sqrt{5}}{\sqrt{5}}\cdot\dfrac{5}{3}=1$，$\dfrac{DP}{PE}=\dfrac{3}{5}$

したがって，$\dfrac{DP}{EP}=\dfrac{3}{5}$

(3) △ABC と直線 ED において，メネラウスの定理を使う。

(1)より，BE=$\sqrt{5}$ であるから，$\dfrac{AP}{PB}\cdot\dfrac{\sqrt{5}}{2\sqrt{5}}\cdot\dfrac{2}{3}=1$，$\dfrac{AP}{PB}=3$

よって，AP：PB=3：1

したがって，AP=$5\times\dfrac{3}{4}=\dfrac{15}{4}$，PB=$5\times\dfrac{1}{4}=\dfrac{5}{4}$

ここで，方べきの定理により，PE·PD=PA·PB

(2)より，$\dfrac{DP}{EP}=\dfrac{3}{5}$ であるから，DP:EP=3:5 で，EP=$5y$

とすると DP=$3y$ となるから，

$5y\times3y=\dfrac{15}{4}\times\dfrac{5}{4}$ より，$y^2=\dfrac{5}{4^2}$

$y>0$ より，$y=\dfrac{\sqrt5}{4}$ であるから，**EP**$=5\times\dfrac{\sqrt5}{4}=\dfrac{5\sqrt5}{4}$

6.
教科書
p.117

円の弧 AB 上に，弧 AM の長さと弧 MB の長さが等しくなるように点 M をとる。M を通るこの円の弦 MP，MQ が弦 AB と，それぞれ点 C，D で交わっている。このとき，4 点 P，C，D，Q は同一円周上にあることを証明せよ。

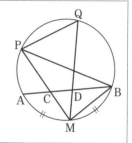

ガイド 円周角の定理と，三角形の内角と外角の関係から，∠ADM＝∠MPQ を導き出し，四角形 PCDQ が円に内接することを示せばよい。

解答 $\overset{\frown}{AM}=\overset{\frown}{BM}$ であるから，円周角の定理より，

∠ABM＝∠MPB ……①

また，同じ弧に対する円周角は等しいから，

∠BMQ＝∠BPQ ……②

ここで，△BDM において，内角と外角の関係から，

∠ABM＋∠BMQ＝∠CDM ……③

①，②，③より，

∠ADM＝∠MPB＋∠BPQ

＝∠MPQ

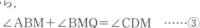

したがって，四角形の内角がそれに向かい合う角の外角に等しいから，四角形 PCDQ は円に内接する。よって，4 点 P，C，D，Q は同一円周上にある。

☑ **7.**
教科書
p.117

長さ 1，a の 2 つの線分が与えられたとき，
2 次方程式 $x(x+a)=1$ の正の解 x を長さとす
る線分を作図する手順を述べよ。

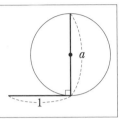

ガイド 方べきの定理を用いると $x(x+a)=1$ が出てくるように作図する。

解答 **長さ a の線分の中点 O を中心とし，**

半径 $\dfrac{a}{2}$ の円をかく。この円周上の点

T から，T を通る半径に垂直に長さ 1
の線分 TP を引く。直線 PO を引き，
円との交点のうち，P に近い方を Q と
すると，PQ が求める線分である。

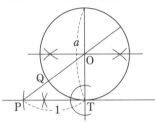

参考 直線 PO と円 O との交点のうち，P から遠い
方を R とすると，方べきの定理により，
PQ・PR＝PT^2
PR＝$x+a$ より，$x(x+a)=1$ が成り立つ。

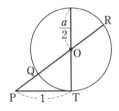

☑ **8.**
教科書
p.117

右の図のように，1 辺の長さが a である立
方体において，各面の正方形の対角線の交点
を頂点とする立体 K を作る。このとき，次の
問いに答えよ。
(1) 立体 K の体積を求めよ。
(2) 立体 K のすべての面に接する球を作るこ
とができる。この球の体積を求めよ。

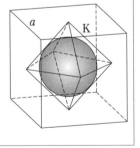

ガイド 立体 K は，合同な 2 つの正四角錐を組み合わせてできた立体である。
(2) 立体 K は球の中心を 1 つの頂点とする 8 つの同じ四面体に分け
ることができる。球の半径を r とおき，四面体の体積を表す r の
方程式を作って解くと球の半径が求められる。

解答 (1) 右の図のように，立体Kの各頂点を A，B，C，D，E，F とする。

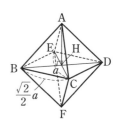

立方体の 1 辺の長さが a であるから，AF＝BD＝CE＝a であり，立体Kの面はすべて 1 辺の長さが $\dfrac{\sqrt{2}}{2}a$ の正三角形である。

BD と CE の交点をHとすると，　AH＝$\dfrac{1}{2}$AF＝$\dfrac{1}{2}a$

したがって，立体Kの体積 V は，

$$V=\left\{\dfrac{1}{3}\times\left(\dfrac{\sqrt{2}}{2}a\right)^2\times\dfrac{1}{2}a\right\}\times2=\dfrac{1}{6}\boldsymbol{a}^3$$

(2) 球の中心はHと一致するから，立体KはHを 1 つの頂点とする 8 つの同じ四面体に分けることができる。

その 1 つの四面体の底面を △ABC とすると，△ABC について，それぞれの長さは右の図のようになる。

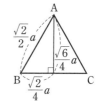

よって，△ABC の面積 S は，

$$S=\dfrac{1}{2}\times\dfrac{\sqrt{2}}{2}a\times\dfrac{\sqrt{6}}{4}a=\dfrac{\sqrt{3}}{8}a^2$$

ここで，球の半径を r とすると，1 つの四面体の体積は，

$$\dfrac{1}{3}\cdot S\cdot r=\dfrac{\sqrt{3}}{24}a^2r$$

これが 8 つ合わさってできたものが立体Kであるから，(1)より，　$8\times\dfrac{\sqrt{3}}{24}a^2r=\dfrac{1}{6}a^3$，　$r=\dfrac{\sqrt{3}}{6}a$

したがって，求める球の体積は，

$$\dfrac{4}{3}\pi r^3=\dfrac{4}{3}\pi\times\left(\dfrac{\sqrt{3}}{6}a\right)^3=\dfrac{\sqrt{3}}{54}\boldsymbol{\pi a}^3$$

思|考|力|を|養|う　どこから打てばよい？

☐**Q**1　　右の図のように，ゴールの両端

教科書
p.118　を点 A，B とし，直線 ℓ 上にある
3点 P_1，P_2，P_3 を考える。

ただし，P_2 は点 A，B を通る円と
ℓ との接点である。

3点 P_1，P_2，P_3 のうち，線分 AB
を見込む角度が最も大きい点はど
の点だろうか。

また，図形の性質をもとにその理由を説明してみよう。

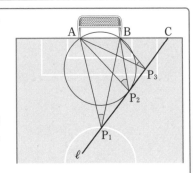

- -

ガイド　右の図のように AP$_1$ と円との
交点を Q_1，BP$_3$ と円との交点を
Q_3 として，それぞれの角の大き
さを比べる。

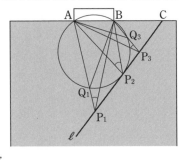

解答　右の図で，円周角の定理により，

$$\angle AQ_1B = \angle AP_2B$$
$$= \angle AQ_3B \quad \cdots\cdots①$$

また，$\triangle BQ_1P_1$ の外角であるから，

$$\angle AQ_1B = \angle AP_1B + \angle P_1BQ_1 \quad \cdots\cdots②$$

$\triangle Q_3P_3A$ の外角であるから，

$$\angle AQ_3B = \angle AP_3B + \angle P_3AQ_3 \quad \cdots\cdots③$$

①，②，③より，

$$\angle AP_2B = \angle AP_1B + \angle P_1BQ_1 = \angle AP_3B + \angle P_3AQ_3$$

$$\angle P_1BQ_1 > 0°, \quad \angle P_3AQ_3 > 0° \quad であるから，$$

$$\angle AP_2B > \angle AP_1B, \quad \angle AP_2B > \angle AP_3B$$

よって，**3点 P_1，P_2，P_3 のうち，線分 AB を見込む角度が最も大き
い点は P_2 である。**

☐**Q2**

教科書
p.118

直線 AB と ℓ との交点を C とし，ℓ 上の点で線分 AB を見込む角度が最大となる点を P とする。このとき，利用できる定理や性質を考え，線分 CP の長さを BC と AC の長さを用いて表してみよう。

ガイド   C を通る 2 直線の一方が円と 2 点 A，B で交わり，もう一方が点 P（P_2）で接しているから，方べきの定理を用いることができる。

解答   方べきの定理により，CP の長さを BC と AC の長さを用いて表すと，

$$CP^2 = CB \cdot CA,$$

CP>0 より，$\mathbf{CP = \sqrt{BC \cdot AC}}$

☐**Q3**

教科書
p.118

これまでのことから，点 P の位置を作図で求めることができる。Q2 の結果の意味を考え活用することで，点 P を作図してみよう。

ガイド   (1)，(2) より，$CP = \sqrt{BC \cdot AC}$ となる点 P を求めればよい。

解答   ①   2 点 A，B を通る適当な円 O をかく。

②   点 C と円 O の中心 O を結ぶ線分 CO を直径とする円をかき，円 O との交点の 1 つを S とする。

③   点 C を中心とする半径 CS の円をかき，サッカーコート内でその円と直線 ℓ とが交わる点を P とする。

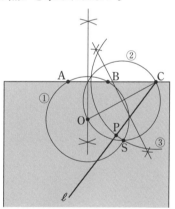

このとき，∠OSC=90° より，直線 CS は円 O の接線であるから，方べきの定理により，

$$CS^2 = CB \cdot CA$$

CS=CP より，$CP = \sqrt{BC \cdot AC}$ が成り立つ。

別解 ① 直線 AC 上に，CA＝CA′ となる点Aとは異なる点 A′ をとり，線分 BA′ を直径とする円Oをかく。

② 点Cを通り，直線 AC に垂直な直線を引き，円Oとの2つの交点を S，S′ とする。

③ 点Cを中心とする半径 CS の円をかき，サッカーコート内でその円と直線 ℓ とが交わる点をPとする。

このとき，方べきの定理により，CS・CS′＝CB・CA′

CS′＝CS＝CP，CA′＝CA より，$CP=\sqrt{BC \cdot AC}$ が成り立つ。

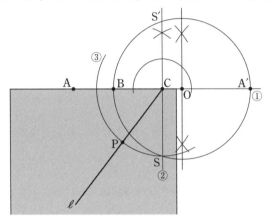

第3章　数学と人間の活動

第1節　数学と歴史・文化

1　位取り記数法と n 進法

☐ **問 1**　次の表は，古代エジプトで利用されていた数を表す象形文字である。

教科書
p.120

| 1 | 2 | 3 | 4 | … | 8 | 9 | 10 | 100 | 1000 | 10000 | 100000 | 1000000 |

上の表を用いて，次の象形文字を現代の記数法に直して表せ。

(1) （象形文字）　　　　　　　　(2) （象形文字）

- -

ガイド　紀元前3000年頃の古代エジプトでは，物の形をかたどった象形文字といわれる文字が考え出されていた。また，10ずつで新しい記号を作っていく**記数法**を用いて数を表し，ナイル川の増水を予測するための計算や記録などに用いられていた。

　　象形文字の表す数とそれぞれの文字の個数を読み取り，現代の記数法に直す。

解答　(1)　（象形文字）=100，（象形文字）=10，（象形文字）=1 であるから，

$$100 \times 4 + 10 \times 4 + 1 = \mathbf{441}$$

(2)　（象形文字）=1000，（象形文字）=10 であるから，

$$1000 \times 2 + 10 \times 5 = \mathbf{2050}$$

- -

☐ **問 2**　象形文字では，（象形文字）も（象形文字）も（象形文字）も 12 と読み取ることができるが，

教科書
p.120　現代の記数法では 12 と 21 のように数字の位置を入れ換えると異なる数を表す。そのような違いが起こる理由を答えよ。

- -

ガイド　数字の書かれている位置を数の大きさと対応させる記数法を**位取り記数法**という。

現代の記数法では，位取り記数法を用いていることに着目する。

解答　（例）　象形文字は，ある位の数は記号の種類でわかるが，現代の数は，ある位の数が位置によって決まるから。

☐ **問3**　次の☐にあてはまる数を答えよ。

教科書 **p.121**

(1)　$78215=\square\times10^4+\square\times10^3+\square\times10^2+\square\times10+5$

(2)　$0.4892=\square\times\dfrac{1}{10}+\square\times\dfrac{1}{10^2}+\square\times\dfrac{1}{10^3}+\square\times\dfrac{1}{10^4}$

- -

ガイド　日常的に使っている数は，**十進法**という方法で表された数であり，十ずつで位を1つ繰り上げる位取りを用いている。十進法で表された数のことを**十進数**という。

解答　(1)　$78215=7\times10^4+8\times10^3+2\times10^2+1\times10+5$

(2)　$0.4892=4\times\dfrac{1}{10}+8\times\dfrac{1}{10^2}+9\times\dfrac{1}{10^3}+2\times\dfrac{1}{10^4}$

☐ **問4**　次の数を十進法で表せ。

教科書 **p.122**

(1)　$1011_{(2)}$　　　　　　　　　　　(2)　$1212_{(3)}$

- -

ガイド　数を表すのに，例えば二ずつで位が1つ繰り上がるように位取りを行うこともでき，このように位取りを行うことを**二進法**という。

二進法と同様に考えて，**三進法**では0，1，2の三個の数字を用いて数を表し，三ずつで位が1つ繰り上がる。

nを1より大きい整数とするとき，nずつで位が1つ繰り上がるように数を表す方法を**n進法**という。

十進法で表された数は従来と同じように表し，n進法で表された数234は，十進法と区別するために$234_{(n)}$のように表す。

解答　(1)　$1011_{(2)}=1\times2^3+0\times2^2+1\times2+1=8+2+1=\mathbf{11}$

(2)　$1212_{(3)}=1\times3^3+2\times3^2+1\times3+2=27+18+3+2=\mathbf{50}$

☐ **問 5** 次の問いに答えよ。

教科書
p.123

(1) 三進法の $0.21_{(3)}$ は，

$$0.21_{(3)} = 2 \times \frac{1}{3} + 1 \times \frac{1}{3^2} = \frac{7}{9} = 0.777\cdots\cdots$$

となるから，十進法の $0.\dot{7}$ を表している。このことにならって次の☐
を埋めよ。

$$0.11_{(2)} = 1 \times \frac{1}{\Box} + 1 \times \frac{1}{\Box}$$

(2) $0.11_{(2)}$ を十進法の小数で表せ。

- -

ガイド (1) 十進法の $\frac{7}{9}$ は $0.\dot{7}$ という無限小数であるが，三進法では

$0.21_{(3)}$ という有限小数で表される。

問題は二進法で表されているから，2 の累乗で割る。

解答 (1) $0.11_{(2)} = 1 \times \dfrac{1}{2} + 1 \times \dfrac{1}{2^2}$

(2) (1)より，$0.11_{(2)} = \dfrac{1}{2} + \dfrac{1}{4} = \dfrac{3}{4} = \mathbf{0.75}$

☐ **問 6** 十進法で表された次の数を，二進法で表せ。

教科書
p.123

(1) 12　　　　　　　(2) 55　　　　　　　(3) 100

- -

ガイド 2 で次々と割っていく。

例えば，(1)では，

$$12 = 2 \times 6 + 0$$
$$= 2 \times (2 \times 3 + 0) + 0$$
$$= 2 \times \{2 \times (2 \times 1 + 1) + 0\} + 0$$
$$= 2^3 \times 1 + 2^2 \times 1 + 2 \times 0 + 0$$
$$= 1100_{(2)} \quad となる。$$

解答

(1)
```
2) 12
2)  6 … 0
2)  3 … 0
    1 … 1
```
$12 = \mathbf{1100_{(2)}}$

(2)
```
2) 55
2) 27 … 1
2) 13 … 1
2)  6 … 1
2)  3 … 0
    1 … 1
```
$55 = \mathbf{110111_{(2)}}$

(3)
```
2) 100
2)  50 … 0
2)  25 … 0
2)  12 … 1
2)   6 … 0
2)   3 … 0
     1 … 1
```
$100 = \mathbf{1100100_{(2)}}$

第 3 章　数学と人間の活動

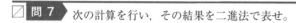

□ **問 7** 次の計算を行い，その結果を二進法で表せ。

教科書 **p.124**
(1) $11011_{(2)}+1010_{(2)}$
(2) $10110_{(2)}-1101_{(2)}$

ガイド 二進法の足し算では，以下の式をもとにして，計算を行う。

$$0_{(2)}+0_{(2)}=0_{(2)} \qquad 0_{(2)}+1_{(2)}=1_{(2)}$$
$$1_{(2)}+0_{(2)}=1_{(2)} \qquad 1_{(2)}+1_{(2)}=10_{(2)}$$

二進法の引き算では，以下の式をもとにして，計算を行う。

$$0_{(2)}-0_{(2)}=0_{(2)} \qquad 1_{(2)}-0_{(2)}=1_{(2)}$$
$$1_{(2)}-1_{(2)}=0_{(2)} \qquad 10_{(2)}-1_{(2)}=1_{(2)}$$

解答
(1)
```
    1 1 0 1 1
+     1 0 1 0
  1 0 0 1 0 1
```
答えは，**100101**$_{(2)}$

(2)
```
    1 0 1 1 0
−     1 1 0 1
      1 0 0 1
```
答えは，**1001**$_{(2)}$

> 繰り上がりや繰り下がり
> に注意しよう。

□ **問 8** 次の計算を行い，その結果を二進法で表せ。

教科書 **p.124**
(1) $1111_{(2)}×101_{(2)}$
(2) $1110_{(2)}×1011_{(2)}$

ガイド 二進法の掛け算では，以下の式をもとにして，計算を行う。

$$0_{(2)}×0_{(2)}=0_{(2)} \qquad 0_{(2)}×1_{(2)}=0_{(2)}$$
$$1_{(2)}×0_{(2)}=0_{(2)} \qquad 1_{(2)}×1_{(2)}=1_{(2)}$$

解答
(1)
```
        1 1 1 1
×         1 0 1
        1 1 1 1
      1 1 1 1
  1 0 0 1 0 1 1
```
答えは，**1001011**$_{(2)}$

(2)
```
          1 1 1 0
×       1 0 1 1
          1 1 1 0
        1 1 1 0
      1 1 1 0
  1 0 0 1 1 0 1 0
```
答えは，**10011010**$_{(2)}$

教科書
p.125

花子さんが，次のようなAからEのグループに1から31までの数字が書かれている表を使って，太郎さんと話している。

A				B				C				D				E			
1	3	5	7	2	3	6	7	4	5	6	7	8	9	10	11	16	17	18	19
9	11	13	15	10	11	14	15	12	13	14	15	12	13	14	15	20	21	22	23
17	19	21	23	18	19	22	23	20	21	22	23	24	25	26	27	24	25	26	27
25	27	29	31	26	27	30	31	28	29	30	31	28	29	30	31	28	29	30	31

花子：太郎さんの誕生日は1月だったよね。何にちだったかな。日にちが表のどのグループにあるか教えて。

太郎：グループB，C，Dにはあるけど，A，Eにはないよ。

花子：太郎さんの誕生日の日にちは14日だね。

太郎：花子さんすごい！　どうしてわかったの？

(1) グループBにある数字を二進法で表し，その数字に共通する性質は何か考えてみよう。

(2) 各グループに誕生日の日にちがあるかないかを答えるだけで，なぜ日にちを当てることができるのか考えてみよう。

- -

ガイド 31までの自然数は，

$$2^0=1, \quad 2^1=2, \quad 2^2=4, \quad 2^3=8, \quad 2^4=16$$

の和の組み合わせで作ることができる。

日にちを二進法で表すことを考える。

例えば，14は，

$$14=8+4+2=1\times2^3+1\times2^2+1\times2^1 \quad となる。$$

このことと，花子さんと太郎さんの会話を手がかりに考える。

解答 (1) $2=10_{(2)}$, $3=11_{(2)}$, $6=110_{(2)}$, $7=111_{(2)}$, $10=1010_{(2)}$, $11=1011_{(2)}$,
$14=1110_{(2)}$, $15=1111_{(2)}$, $18=10010_{(2)}$, $19=10011_{(2)}$,
$22=10110_{(2)}$, $23=10111_{(2)}$, $26=11010_{(2)}$, $27=11011_{(2)}$,
$30=11110_{(2)}$, $31=11111_{(2)}$

共通する性質は，**2の位の数が1であること。**

(2) (例)　Aのグループから順に1, 2, 2^2, 2^3, 2^4の位の数が1になっている。すなわち，誕生日の日にちがあるグループが表す位の数を1，ないグループが表す位の数を0にした数が，誕生日の日にちを二進法で表した数になるから。

|参考| A～Eのグループにある数は，次のように分類されている。

A：二進法で表したとき，$1\,(=2^0)$ の位が1になる数

B：二進法で表したとき，$2\,(=2^1)$ の位が1になる数

C：二進法で表したとき，$4\,(=2^2)$ の位が1になる数

D：二進法で表したとき，$8\,(=2^3)$ の位が1になる数

E：二進法で表したとき，$16\,(=2^4)$ の位が1になる数

これより，誕生日の日にちがどのグループにあるかわかれば，A～Eのうち日にちがあるグループの<u>左上の数</u>の和を求めることで，誕生日の日にちがわかる。

2 ユークリッドの互除法

☑ 問 1 次の2つの正の整数の最大公約数を，互除法を用いて求めよ。

教科書 **p.127**　(1)　646, 437　　　　　　(2)　1147, 1073

ガイド 正の整数 a, b $(a>b)$ について，「a と b の最大公約数」と「$a-b$ と b の最大公約数」は等しい。

この性質を繰り返し用いると，一般に，次のことが成り立つ。

ここがポイント 👉 ［互除法の原理］

2つの正の整数 a, b $(a>b)$ において，a を b で割ったときの余りを r とする。

(ⅰ) $r \neq 0$ のとき，

　　(a と b の最大公約数)＝(b と r の最大公約数)

(ⅱ) $r=0$ のとき，

　　(a と b の最大公約数)＝b

この原理を用いた最大公約数の求め方のことを**ユークリッドの互除法**，または単に，**互除法**という。

解答▶ (1)

$$646 = 437 \times 1 + 209$$

$$437 = 209 \times 2 + 19$$

$$209 = 19 \times 11 + 0$$

209 は 19 で割り切れる，すなわち余り
が 0 となるから，このときの割る数 **19**
が 646 と 437 の最大公約数である。

$$
\begin{array}{r}
1 \\
437{\overline{\smash{)}646}} \\
437 \\
\end{array}
\quad
\begin{array}{r}
2 \\
209{\overline{\smash{)}437}} \\
418 \\
\end{array}
\quad
\begin{array}{r}
11 \\
(19){\overline{\smash{)}209}} \\
19 \\
\hline
19 \\
19 \\
\hline
0 \\
\end{array}
$$

割る数を余りで割ること
を繰り返そう。

(2)

$$1147 = 1073 \times 1 + 74$$

$$1073 = 74 \times 14 + 37$$

$$74 = 37 \times 2 + 0$$

74 は 37 で割り切れる，すなわち余り
が 0 となるから，このときの割る数 **37**
が 1147 と 1073 の最大公約数である。

$$
\begin{array}{r}
1 \\
1073{\overline{\smash{)}1147}} \\
1073 \\
\end{array}
\quad
\begin{array}{r}
14 \\
74{\overline{\smash{)}1073}} \\
74 \\
\hline
333 \\
296 \\
\end{array}
\quad
\begin{array}{r}
2 \\
(37){\overline{\smash{)}74}} \\
74 \\
\hline
0 \\
\end{array}
$$

参考 互除法の手順は，長方形をできるだけ大きな同じ大きさの正方形で
埋め尽くすとき，その正方形の 1 辺の長さを求めることと対応してい
る。

第3章 数学と人間の活動

☑ 問2 次の方程式の整数解を1組見つけよ。

(1)　$79x+19y=1$ 　　　　　(2)　$302x+93y=1$

- -

ガイド　a, b, c を整数の定数，$a \neq 0$，$b \neq 0$ とするとき，x, y を未知数とする方程式 $ax+by=c$ のように，未知数が2つの1次方程式で，解が無数にある方程式を**二元一次不定方程式**という。

また，方程式の解のうち整数であるものを**整数解**という。

互除法の手順を逆にたどることにより，与えられた方程式の整数解を1組見つけることができる。

解答　(1)　$79=19\times4+3$ より，

$79+19\times(-4)=3$　……①

$19=3\times6+1$ より，

$19+3\times(-6)=1$　……②

②の3のところに①の左辺を代入すると，

$19+\{79+19\times(-4)\}\times(-6)=1$

$79\times(-6)+19\times25=1$

よって，　$\boldsymbol{x=-6}$, $\boldsymbol{y=25}$

(2)　$302=93\times3+23$ より，

$302+93\times(-3)=23$　……①

$93=23\times4+1$ より，

$93+23\times(-4)=1$　……②

②の23のところに①の左辺を代入すると，

$93+\{302+93\times(-3)\}\times(-4)=1$

$302\times(-4)+93\times13=1$

よって，　$\boldsymbol{x=-4}$, $\boldsymbol{y=13}$

☑ **問 3** 方程式 $2x+4y=1$ は整数解をもたないことを示せ。

教科書
p.129
- -

ガイド　8と -15 のように，2つの整数 a と b が1と -1 以外に公約数を
もたないとき，a と b は**互いに素**であるという。

　　　a と b が互いに素な整数のとき，次の性質が成り立つ。

　　　整数 n について，na が b の倍数ならば，n は b の倍数である。

解答　この不定方程式を変形すると，$2(x+2y)=1$ となる。

　　　x と y が整数ならば，左辺は偶数，右辺は奇数であり，この方程式
を満たす整数解は存在しない。

☑ **問 4** 次の方程式の整数解をすべて求めよ。

教科書
p.130　(1)　$5x+4y=1$　　　　　　　　　　(2)　$3x-5y=1$
- -

ガイド　二元一次不定方程式では，整数解を1組見つければ，整数解をすべ
て求めることができる。整数解は互除法を用いても見つけられる。

解答　(1)　$x=1,\ y=-1$ は，$5x+4y=1$ の整数解の1組である。
　　　　　そこで，

$$5x+4y=1 \qquad \cdots\cdots ①$$
$$5\times1+4\times(-1)=1 \quad \cdots\cdots ②$$

　　　　とおく。

　　　　①$-$② より，$5(x-1)+4(y+1)=0$

　　　　すなわち，$5(x-1)=-4(y+1)$ 　$\cdots\cdots ③$

　　　　左辺の $5(x-1)$ は4の倍数であり，4と5は互いに素であるか
ら，$x-1$ が4の倍数となる。

　　　　したがって，k を整数として，$x-1=4k$，すなわち，
$x=4k+1$ と書ける。

　　　　このとき，③より，$5\times4k=-4(y+1)$

　　　　すなわち，$y=-5k-1$

　　　　よって，求める整数解は，

$$\boldsymbol{x=4k+1,\ y=-5k-1}\ (\boldsymbol{k\text{は整数}})$$

(2)　$x=2$, $y=1$ は，$3x-5y=1$ の整数解の1組である。

　　　そこで，

$$3x-5y=1 \qquad \cdots\cdots ①$$
$$3\times 2-5\times 1=1 \quad \cdots\cdots ②$$

とおく。

　　①－② より，$3(x-2)-5(y-1)=0$

　　すなわち，$3(x-2)=5(y-1)$　$\cdots\cdots ③$

　　左辺の $3(x-2)$ は5の倍数であり，3と5は互いに素であるから，$x-2$ が5の倍数となる。

　　したがって，k を整数として，$x-2=5k$，すなわち，$x=5k+2$ と書ける。

　　このとき，③より，$3\times 5k=5(y-1)$

　　すなわち，$y=3k+1$

　　よって，求める整数解は，

$$\boldsymbol{x=5k+2,\ y=3k+1}　(\boldsymbol{k}\text{は整数})$$

⚠注意　(1)で，③のように変形した際，「4と5は互いに素であるから」の記述は必須である。(2)でも同様。

▌参考　教科書 p.130 の例題1の方程式

$3x+4y=1$ は，$y=-\dfrac{3}{4}x+\dfrac{1}{4}$ と変形できるから，この方程式は右の図のような傾き $-\dfrac{3}{4}$ の直線を表す。

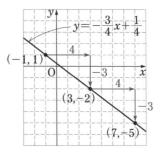

　このとき，この方程式の整数解は，直線上にある x 座標，y 座標がともに整数である点の座標を表す。

　よって，整数解となる点が1つ見つかれば，そこから x 軸方向に4，y 軸方向に -3 進むごとに整数解となる点が等間隔で現れる。

⚠注意　x 座標，y 座標がともに整数である点 $(x,\ y)$ のことを格子点という。

☐ **問 5** 　1個70円と130円のお菓子がある。これらを詰め合わせて，合計で

教科書
p.131 　ちょうど1490円にしたい。それぞれ何個ずつ詰め合わせればよいか。

ガイド　70円のお菓子を x 個，130円のお菓子を y 個とすると，

$70x+130y=1490$ となる。

この方程式を解くために，$7x+13y=1$ の整数解を見つける。

解答　70円のお菓子を x 個，130円のお菓子を y 個詰め合わせるとすると，

$$70x+130y=1490$$

両辺を10で割ると，

$$7x+13y=149 \quad \cdots\cdots①$$

7と13は互いに素であるから，まず，$7x+13y=1$ を満たす整数 x,
y をさがすと，

$$7\times2+13\times(-1)=1$$

が成り立つ。

両辺に149を掛けると，

$$7\times298+13\times(-149)=149 \quad \cdots\cdots②$$

①－② より，$7(x-298)+13(y+149)=0$

すなわち，$7(x-298)=-13(y+149) \quad \cdots\cdots③$

7と13は互いに素であるから，③より k を整数として，

$x-298=13k$，すなわち，$x=13k+298$ と書ける。

このとき，③より，$7\times13k=-13(y+149)$

すなわち，$y=-7k-149$

x, y は0以上の整数であるから，

$$13k+298\geqq0 \quad かつ \quad -7k-149\geqq0$$

したがって，$-\dfrac{298}{13}\leqq k\leqq-\dfrac{149}{7}$

すなわち，$-22.9\cdots\cdots\leqq k\leqq-21.2\cdots\cdots$

k は整数であるから，$k=-22$

このとき，$x=12$, $y=5$

よって，**70円のお菓子を12個，130円のお菓子を5個**詰め合わせ
ればよい。

3 位置の表し方

☐ **問 1** 右の図の直方体 OABC-DEFG におい
て，点Bの座標は $(3, 4, 0)$ である。
また，点Dの座標は $(0, 0, 2)$ である。
この直方体において，点Eと点Fの座標
を求めよ。

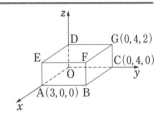

ガイド はじめに，右の図のように，空間
に点Oを定め，Oで互いに直交する
3直線をとる。これらを**座標軸**とい
い，それぞれ x 軸，y 軸，z 軸という。
また，

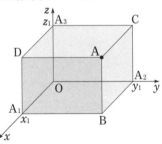

　　 x 軸と y 軸で定まる平面を xy 平面，
　　 y 軸と z 軸で定まる平面を yz 平面，
　　 z 軸と x 軸で定まる平面を zx 平面

といい，これらの3つの平面をまとめて**座標平面**という。

　　空間に点Aがあるとき，Aを通っ
て各座標軸に垂直な平面が x 軸，
y 軸，z 軸と交わる点を，それぞれ
A_1，A_2，A_3 とし，それぞれの軸上
での座標を x_1，y_1，z_1 とする。

　　このとき，この3つの実数の組
　　　 (x_1, y_1, z_1)

を点Aの**座標**といい，x_1 を x 座標，y_1 を y 座標，z_1 を z 座標という。
　　各点の x 座標，y 座標，z 座標を組にして表す。

解答 直方体 OABC-DEFG において，**点Eの座標は** $(3, 0, 2)$ である。
また，**点Fの座標は** $(3, 4, 2)$ である。

☑ **問 2**　　右の地図において，太郎さんは

教科書
p.133　地点Aから 700 m，地点Bから

300 m の位置にいることがわかって

いる。

このとき，太郎さんは，点Aを中心と

する半径 700 m の円と，点Bを中心

とする半径 300 m の円の交点 C，C′

のどちらかの地点にいることがわか

る。

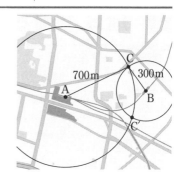

太郎さんの位置を 1 点に特定するには，さらに地図上のどのような地点

からの距離がわかればよいか。

ガイド　3 点目を地図上のどのような地点に定めるとよいか，条件を考える。

解答　**直線 AB 上ではない地点からの距離**

⚠**注意**　3 点目が直線 AB 上にあると，3 点目から C，C′ との距離が等しく

なるため，太郎さんが C，C′ のどちらの地点にいるか特定できない。

参考　人工衛星を利用して地球上の位置を特定するシステムである GPS

（Global Positioning System）も，上記の方法を用いている。カー

ナビゲーションシステム（カーナビ）などに利用されている。

> 3 点目が直線 AB 上でない
> 地点にあれば，太郎さんの位
> 置が 1 点に特定できる。

4 地球を測る

☑ **問1** ある球状の惑星で，200 km 離れて2本の棒を地面に対して垂直に立てたところ，同じ時刻において，1本は影がなくて，もう一方は1mの棒に対して影が 0.085 m であった。この惑星の半径を求めよ。ただし，0.085＝tan 4.9°，π＝3.14 とし，1 km 未満を四捨五入して答えよ。

ガイド エラトステネスは，次のような図を考えて地球の半径を推定したといわれている。

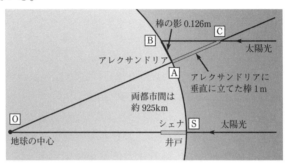

上の図において，tan∠ACB＝0.126 より，∠ACB の大きさを求めると，7.2°

また，BC∥OS より，∠AOS＝7.2°

したがって，地球の半径を R とすると，$925＝2\pi R\times\dfrac{7.2}{360}$

このことと同様にして考える。

解答 右の図において，
tan∠ACB＝0.085 より，
　　　∠ACB＝4.9°
また，BC∥OS より，
　　　∠AOS＝4.9°

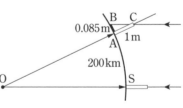

したがって，求める惑星の半径を R とすると，

$$200＝2\pi R\times\frac{4.9}{360}$$

π＝3.14 とすると，　$R＝2339.7\cdots\cdots$

よって，**約 2340 km**

☑ **問 2**　2 地点 A，B の位置が地図上で確定し

教科書
p.135

ていて，右の図のように角度と長さがわ
かっているとする。さらに，次の値がわ
かるとき，地点 C，D，E の位置は確定す
るかどうかを答えよ。

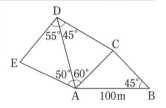

(1)　∠ACB＝90°

(2)　AC＝80 (m)

- -

ガイド　土地を三角形に分割して行う測量を**三角測量**という。

　　　地図上で 2 地点 A，B の位置が確定していることをもとにして，(1)，
(2)それぞれの場合について，三角形の頂点 C，D，E が確定するかど
うかを順に調べる。

解答　(1)　頂点 A，B が確定している。

　　　△ABC において，∠ACB＝90° より ∠CAB も決まるため，
辺 AB とその両端の角が決まり，頂点Cが確定する。

　　　また，△ACD の内角の和が180° より，∠ACD が確定し，辺
AC の長さも決まっていて，∠DAC が与えられているから，
△ACD が決まり，頂点Dが確定する。

　　　さらに，辺 AD の長さが決まり，∠ADE と ∠DAE が与えら
れているから，△EAD も定まり，頂点Eが確定する。

　　　よって，**地点 C，D，E の位置は確定する。**

(2)　辺 AC の長さが与えられても辺 BC の長さや ∠CAB，∠ACB
の大きさが確定しないから，△ABC は確定しない。

　　　したがって，頂点Cの位置が確定しないから，頂点Dの位置は
確定しない。

　　　さらに，頂点Dの位置が確定しないから，頂点Eの位置も確定
しない。

　　　よって，**地点 C，D，E の位置は確定しない。**

第 3 章

数学と人間の活動

第2節 数学とパズル・ゲーム

1 図形の敷き詰め

☐ **問 1** 右の図形はドミノで
教科書
p.136　敷き詰めることができ
るか。

(1) (2) 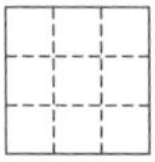 (3)

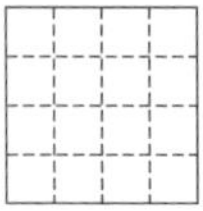

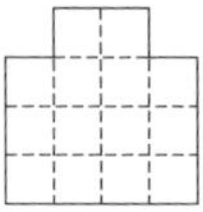

ガイド 与えられた図形がドミノで敷き詰め可能であることを示す場合は，
敷き詰め方を1つ示せばよい。

　一方，敷き詰めが可能でないことを示す場合は，可能な敷き詰め方
が1つも存在しないことを示さなければならない。

解答 (1) 右の図のように敷き詰めることができる。

　　　　すなわち，**敷き詰めることができる**。

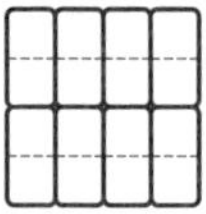

(2) 与えられた図のマス目は3×3で9マスであり，

　　2マス分のドミノでは必ず1マス余る。

　　すなわち，**敷き詰めることができない**。

(3) 右の図のように敷き詰めることができる。

　　すなわち，**敷き詰めることができる**。

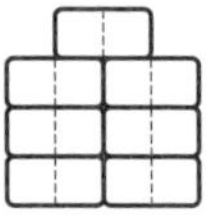

参考 (2)は，「敷き詰められない」理由を証明する例である。どのような方
法を用いても敷き詰められないことを示す。

> ドミノは2マス分あるから，
> 1マス分を敷き詰めることはできない。

☑ **問2** 次の図形はドミノで敷き詰めることができるか。

教科書
p.137　(1) 　　　(2) 　　　(3)

- -

ガイド　1つのドミノは2つのマスを覆うから,「ある図形がドミノで敷き詰め可能ならば,そのマスの数は偶数個である。」ということがいえる。

また,ある図形を市松模様に塗り分けたとき,次のことがいえる。

「2色のマスの個数が等しくなければ,その図形はドミノで敷き詰め可能でない。」

また,その対偶を考えると,次のこともいえる。

「ある図形がドミノで敷き詰め可能ならば,2色のマスの個数は等しい。」

これらのことを利用して,色分けされた図形で敷き詰められるかどうかを考える。

解答　(1)　2色のマスの個数が等しくないから**敷き詰めることができない。**

(2)　右の図のように敷き詰めることができる。

　　　すなわち,**敷き詰めることができる。**

(3)　左上の角のマスへのドミノの置き方は,縦か横かの2通り。

　　　縦に置いたとすると,1通りしか置けないような○のマスが右の図のように2つできてしまい,敷き詰められない。

　　　横に置いた場合も同様。

　　　よって,敷き詰めることができない。

☑Q
教科書
p.137

次の ☐ に,「必要条件である」,「十分条件である」,「必要十分条件である」,「必要条件でも十分条件でもない」のうち, 最も適するものを入れてみよう。

(1) ある図形を白と黒の市松模様に色分けしたとき, 白マスと黒マスの個数が等しいことは, この図形がドミノで敷き詰められるための ☐ 。

(2) 縦 m 個, 横 n 個の正方形のマスでできた長方形の図形があるとき, この図形のマスの数が偶数であることは, この図形がドミノで敷き詰められるための ☐ 。

- -

ガイド 2つの条件 p, q について命題「$p \Longrightarrow q$」が真であるとき,

p は, q であるための**十分条件**である

q は, p であるための**必要条件**である

という。

2つの命題「$p \Longrightarrow q$」,「$q \Longrightarrow p$」がともに真であるとき, すなわち,「$p \Longleftrightarrow q$」が成り立つとき, p と q は**同値**であるという。また, このとき,

p は, q であるための**必要十分条件**である

という。q は, p であるための必要十分条件でもある。

解答 (1) 白マスと黒マスの個数が等しいことを A, 図形がドミノで敷き詰められることを B とする。

$A \Longrightarrow B$ は偽 （反例：教科書 p.137 問 2(3)のように, 敷き詰められないことがある。）

$B \Longrightarrow A$ は真 （図形がドミノで敷き詰められるならば, 白マスと黒マスの個数が等しい。）

よって, A は B であるための「**必要条件である**」

(2) 縦 m 個, 横 n 個の正方形のマスでできた長方形のマスの数が偶数であることを C とする。

$C \Longrightarrow B$ は真 （長方形の図形のマスの数が偶数ならば, 図形がドミノで敷き詰められる。）

$B \Longrightarrow C$ は真 （長方形の図形がドミノで敷き詰められるならば, 図形のマスの数が偶数である。）

よって, C は B であるための「**必要十分条件である**」

2 石取りゲーム

問1 小石を1段目（上段）に m 個，2段目（下段）に n 個並べ，次のルールに従って，2人でその小石を交互に取り合うゲームを考える。

> **ルール**
> 1. 同時に取ることができるのは同じ段の石のみで，1回に1個以上最大何個でも取ることができる。
> 2. 最後に石を取った方が勝ちである。

このようなゲームを，2段石取りゲーム $(m,\ n)$ ということにする。

2段石取りゲーム $(2,\ 3)$ において，先手が勝つ場合を，教科書 p.138 の例1 にならって表せ。

ガイド $(2,\ 3)$ を右のように表した場合，教科書 p.138 の例1 は，後手の勝ちを表している。

これとは別の取り合い方で，先手が勝つ場合を考え，上にならって表す。

解答 （例）

参考 2段石取りゲーム $(2,\ 3)$ では，先手が初手で2段目から1個の石を取ると，その後，後手がどのような手を選んだとしても，それに対して先手がうまく手を選べば，必ず先手が勝つことができる。

このようなゲームを先手必勝という。ただし，先手必勝であるからといって，先手が必ず勝つという意味ではなく，先手がうまく手を選択していくと，後手よりも有利に進められるという意味である。

同様に，先手がどのような手を選んだとしても，それに対して後手がうまく手を選べば，必ず後手が勝つことができるとき，そのゲームを後手必勝という。

□**Q**

教科書
p.140

3段石取りゲーム (1, 2, 3) において, 次の問題を考えて
みよう。

(1) 先手が初手で1段目の石を1個取ったとき, 後手必勝
となる。後手は勝つためにどのように取ればよいだろうか。

(2) 先手が初手で3段目から石を1個取ったとき, 後手必勝となる。後
手は勝つためにどのように取ればよいだろうか。

(3) 先手の取り方をすべて列挙し, 3段石取りゲーム (1, 2, 3) は後手必
勝であることを示してみよう。

- -

ガイド (1) 先手が初手で1段目の石を1個取ると, 教科書 p.138 の例1と
同じ状況になることから考える。

(2) (1)の結果を利用して考える。

解答 (1) **3段目から1個の石を取り, 以降は2段目と3段目の石が同じ
個数になるように取る。**

(2) **1段目から1個の石を取り, 以降は2段目と3段目の石が同じ
個数になるように取る。**

(3) 先手の取り方をすべて列挙すると, 次のようになる。

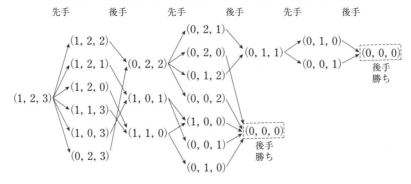

巻末広場

思考力をみがく　正八面体

次の図は，正八面体の展開図の1つである。

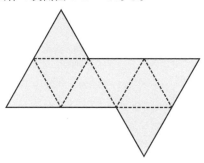

　1辺の長さを5cmとして上の展開図を作り，正八面体を組み立てる。

　その正八面体の1つの面を下にして，水平な台の上に置く。このとき，この正八面体を真上から見た図をAとする。

☐Q1　Aの図をかいてみよう。また，Aの外周が作る多角形の面積を求めてみよう。

教科書 **p.142**

ガイド　実際に正八面体をつくってみて，真上から見てみるとよい。台に接している面と向かい合う面は平行になり，真上から見た図は正六角形になる。

　正六角形の面積は，合同な6つの正三角形でできていることを使って求める。

解答　下の図のように，正六角形になる。

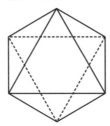

　右の図のように点を決めると，
　△DBC は DB＝DC の二等辺三角形である。
　∠BDC＝120° より，∠EDC＝60°
　△DCE は 30°，60°，90° の直角三角形であるので，EC：CD＝$\sqrt{3}$：2
　BE＝EC＝$\dfrac{5}{2}$ より，

$$CD＝\dfrac{2}{\sqrt{3}}EC＝\dfrac{2}{\sqrt{3}}\times\dfrac{5}{2}＝\dfrac{5}{\sqrt{3}}＝\dfrac{5\sqrt{3}}{3}$$

　正六角形は CD を 1 辺とする正三角形 6 つからなるから，求める面積は，

$$\dfrac{1}{2}\times\dfrac{5\sqrt{3}}{3}\times\dfrac{5}{2}\times6＝\dfrac{25\sqrt{3}}{2}\ (\mathbf{cm}^2)$$

参考　正八面体の 1 つの面 A とそれに向かい合う面 B を考える。A と B は平行であり合同である。A の外接円をかき，A を真上にして正八面体を見ると，A と B は同一円に内接しているように見える。また，A と B の辺のうち 1 組は正八面体の内部に含まれる正方形の向かい合う辺であるから，平行である。したがって，面 A，B は右上図のように見え，頂点間を結ぶと右下図のようになる。

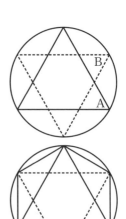

次に，正八面体と正四面体の関係について考えてみよう。

1辺の長さが5cmの正四面体の展開図を作り組み立てる。この正四面体を水平な台の上に置く。

☐ Q 2
教科書
p.142
作った正八面体と正四面体を，1つの面を下にして水平な台に置いたときの高さを比較してみよう。また，正四面体を，正八面体の中に入れることができるか考えてみよう。

ガイド 実際にやってみて，2つの立体を並べ，高さを比較したり，中に入れることができるかを確かめたりしてみるとよい。

解答 **正八面体と正四面体の高さは等しくなり，正四面体は正八面体の中に入れることができる。**

1辺の長さが5cmの正八面体の中に，1辺の長さが5cmの正四面体は，右の図のように入る。正八面体の1つの面と正四面体の1つの面は一致している。（底面が一致している。）

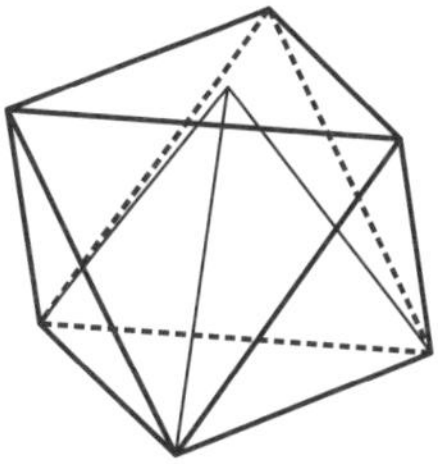

このとき，正四面体の残りの頂点は正八面体の面に接しているので右の図のように置いたときの正八面体の高さと，正四面体の高さは同じである。

参考 正八面体の高さは向かい合う面の間の距離になり，その高さを h とする。

正八面体を，体積が半分ずつになるように内部にある正方形の1辺に垂直な平面で切ると，断面図は次ページの図のようになる。

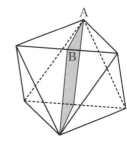

巻末広場

課題学習

ここで，正八面体の面が正三角形である

ことから $AB=\dfrac{5\sqrt{3}}{2}$，三平方の定理から

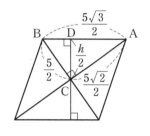

$AC=\dfrac{5\sqrt{2}}{2}$ の長さが求まる。

△ABC∽△ACD より，

BC：CD＝AB：AC

$\dfrac{5}{2}:\dfrac{h}{2}=\dfrac{5\sqrt{3}}{2}:\dfrac{5\sqrt{2}}{2}$

$h=\dfrac{5\sqrt{6}}{3}$　……①

次に，1辺の長さが5cmの正四面体を置いたときの高さを求める。
右の図のように点を決める。

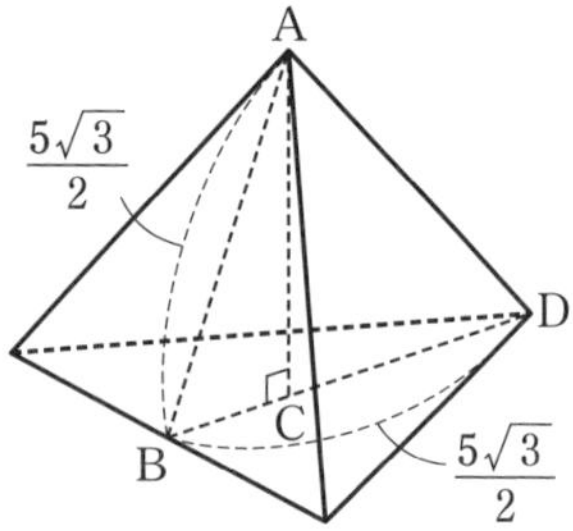

線分ACはAから底面に下ろした垂
線である。

正四面体の面は正三角形であるから，

$AB=DB=\dfrac{5\sqrt{3}}{2}$ である。

また，Cは底面の正三角形の重心と
なるから，

$BC=\dfrac{5\sqrt{3}}{2}\times\dfrac{1}{3}=\dfrac{5\sqrt{3}}{6}$

△ABCは直角三角形であるから，

$AC=\sqrt{\left(\dfrac{5\sqrt{3}}{2}\right)^2-\left(\dfrac{5\sqrt{3}}{6}\right)^2}=\dfrac{5\sqrt{6}}{3}$　……②

よって，①，②より，1辺の長さが等しい正八面体と正四面体の高
さは等しくなることがわかる。

次に，1辺の長さが5cmの正八
面体の各面の三角形の重心を考え，
隣り合う面の重心を線分で結んでで
きる多面体をXとする。

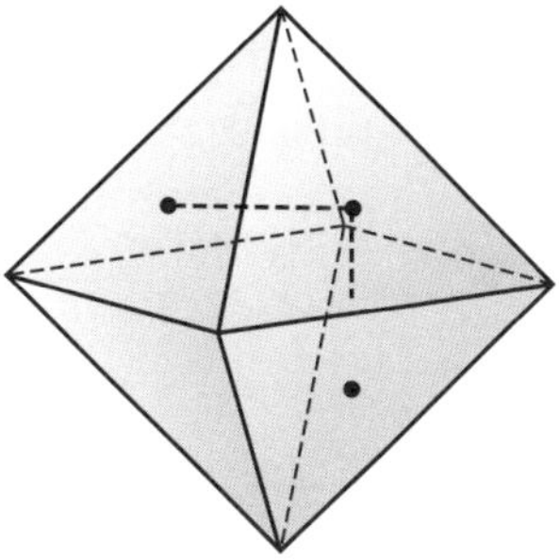

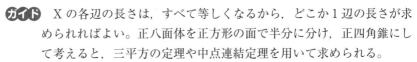

Q3 Xはどのような多面体になるか
考えてみよう。
教科書
p.143 また，Xの各辺の長さを求めてみ
よう。

ガイド Xの各辺の長さは，すべて等しくなるから，どこか1辺の長さが求
められればよい。正八面体を正方形の面で半分に分け，正四角錐にし
て考えると，三平方の定理や中点連結定理を用いて求められる。

解答 各面の重心を結ぶと，右の図のように
正六面体（立方体）になる。

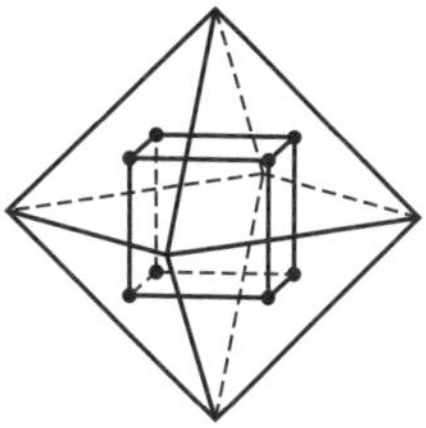

正八面体を2つに分け，上半分の正四
角錐について考える。

右下の図のように，頂点を A，B，C，
D，E とし，△ABC と △ACD の重心を
それぞれ G_1，G_2，直線 AG_1 と辺 BC，直
線 AG_2 と辺 CD との交点を，それぞれ
M，N とする。

BC＝CD＝5 より，BD＝$5\sqrt{2}$

M，N はそれぞれ BC，CD の中点で
あるから，中点連結定理より，

$$MN=\frac{1}{2}\times5\sqrt{2}=\frac{5\sqrt{2}}{2}$$

G_1，G_2 は重心であるから，$AG_1:G_1M=AG_2:G_2N=2:1$

$G_1G_2:MN=2:3$ であるから，$G_1G_2=\frac{2}{3}MN=\frac{2}{3}\times\frac{5\sqrt{2}}{2}=\frac{5\sqrt{2}}{3}$

したがって，Xの各辺の長さは，$\frac{5\sqrt{2}}{3}$ cm

☑**Q4**   正四面体と正二十面体についても，Q3と同じようにして得られる多

教科書
p.143   面体がどのような多面体になるか考えてみよう。

- -

ガイド 各面の重心を結んでいくため，もとの多面体の面の数が，重心を結
んでできる多面体の頂点の数になり，もとの多面体の頂点の数が重心
を結んでできる多面体の面の数になる。

解答 正四面体の頂点の数は，4

正二十面体の頂点の数は，（20×3）÷5＝12

よって，下の図のようになり，各面の重心を結んでできる立体は，
**もとの立体が正四面体の場合は正四面体，正二十面体の場合は正十二
面体となる。**

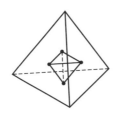 

思考力をみがく　ポンスレ-シュタイナーの定理

　第2章では，コンパスと定規を用いる作図を学んだが，実は，コンパスと定規で作図可能な円弧以外の図形は，1つの円とその中心が与えられていれば，その後は定規のみを用いて作図できることが知られている。この事実をポンスレ-シュタイナーの定理という。

　ここでは，1つの円Cとその中心O，さらに直線 ℓ と点Pが与えられているときに，Pを通り ℓ に垂直な直線を定規のみを用いて作図してみよう。

　まず，ℓ がOを通り，PがCの内部にあり ℓ 上にはない場合を考える。このとき，

① ℓ とCの交点を P_1 および P_2 とする。
② 直線 PP_1 とCの P_1 以外の交点を P_3 とする。
③ 直線 PP_2 とCの P_2 以外の交点を P_4 とする。
④ 直線 P_1P_4 と P_2P_3 の交点を P_5 とする。

という手順で作図を行うと，直線 PP_5 が求める直線となる。

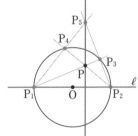

□**Q 1**　直線 PP_5 が直線 ℓ と直交していることを証明してみよう。

教科書
p.144
- -

ガイド　点Pが $\triangle P_5P_1P_2$ の垂心となることを示せば，直線 $PP_5 \perp$ 直線 ℓ がいえる。

解答　半円の弧に対する円周角であるから，

$$\angle P_1P_4P_2 = 90°$$
$$\angle P_1P_3P_2 = 90°$$

したがって，$P_2P_4 \perp P_1P_5$，$P_1P_3 \perp P_2P_5$ であるから，点Pは $\triangle P_5P_1P_2$ の垂心となる。

　よって，直線 PP_5 は直線 P_1P_2，すなわち，直線 ℓ と直交する。

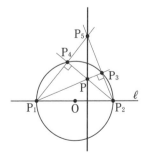

巻末広場

課題学習

次に，直線 ℓ が円Cの中心Oを通り点PがCの内部にない場合や，ℓ がO を通らない場合についても考えてみよう。

このような一般の場合について考える前に，次の定理を示す。

2本の平行線 k，m と，それらの上にない点Aがあるとき，A を通り k，m に平行な直線を，定規のみを用いて作図することができる。

この定理をここでは，「3平行線の作図定理」と呼ぶことにする。

作図は次のようにすればよい。

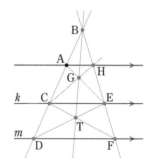

① 点Aを通り k，m と交わる直線を引き，その交点を，それぞれ C，D とする。

② 直線 AC 上の A，C，D と異なる位置に点 Bをとる。Bを通り，A を通らず，k，m と交わる直線を引き，その交点を，それぞれ E，F とする。

③ 台形 CDFE の対角線の交点をTとし，直線 BT を引く。

④ 直線 AE と BT の交点をGとし，直線 CG と BE の交点をHとすると，直線 AH が求める平行線となる。

点Aが k と m の間にある場合でも同様に平行線を作図することができる。

□ **Q 2**　上の作図において，直線 AH が k，m と平行になることを証明してみ
教科書　よう。
p.145
- -
ガイド　$k /\!/ m$ であるから，直線 AH が k もしくは m のどちらかと平行であることを示せばよい。

　　　△BDF と点 T，△BCE と点 G に，それぞれチェバの定理を用いて BA：AC＝BH：HE であることがわかれば，平行線と線分の比により，直線 AH $/\!/ k$ であることが証明できる。

解答▶ 　直線 BT と直線 k の交点を K，直線 BT と直線 m の交点を M とする。

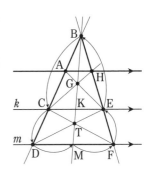

　△BDF と点 T において，チェバの定理により，　$\dfrac{DM}{MF}\cdot\dfrac{FE}{EB}\cdot\dfrac{BC}{CD}=1$　……①

　また，$k \sslash m$ より，

$\qquad$ BC : DC = BE : FE　……②

　①，②より，$\dfrac{DM}{FM}=1$ が成り立つから，

M は線分 DF の中点となる。

　さらに，$k \sslash m$ であるから，

△TDM∽△TEK より，DM : EK = MT : KT　……③

△TFM∽△TCK より，FM : CK = MT : KT　……④

　③，④より，DM : EK = FM : CK

M は線分 DF の中点であるから，DM = FM

　よって，EK = CK となるから，K は線分 CE の中点となる。

　ここで，△BCE と点 G において，チェバの定理により，

$$\dfrac{CK}{KE}\cdot\dfrac{EH}{HB}\cdot\dfrac{BA}{AC}=\dfrac{EH}{HB}\cdot\dfrac{BA}{AC}=1$$

が成り立つから，BA : AC = BH : HE がいえる。

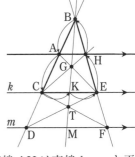

　したがって，AH は直線 k と平行であることがわかる。

　よって，直線 $k \sslash$ 直線 m であるから，直線 AH は直線 k, m と平行になる。

思考力をみがく　数字並べゲーム

2人で，次のようなルールでゲームを行う。

〈ルール〉

1．右の図にある10個の□の中に，
   1から10までの整数を1つずつ書
   き込んで，互いに相手に渡す。
2．相手から受け取った図の中から，隣
   り合う3つの数を選んで，そ
   の和を自分の得点とする。
3．得点を比べて，多い方が勝ちと
   なる。

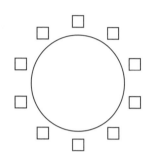

☑Q 1　実際に，このゲームをやってみよう。お互いに受け取った図から
教科書
p.146　得点をそれぞれ計算し，自分の得点を相手に伝える。得点の多い方が勝
ちとなる。

- -

ガイド　上のルールにしたがってゲームをやってみる。

☑Q 2　次の図を相手から受け取ったとき，相手に自分の得点は何点と伝える
教科書
p.146　とよいか考えてみよう。

(1)　　　　　　　　　　　　　　　　　　(2)

(1)
```
      2
  4       6
7           8
  3       9
    10   1
      5
```

(2)
```
      7
  1       9
3           2
  8       6
    4   10
      5
```

- -

ガイド　得点の多いほうが勝ちとなるから，和が最も大きくなるような隣り
合う3つの数を選べばよい。

解答▶ (1)　いちばん上の2から始めて時計まわりに隣り合う3つの数を足したものを列挙すると，

16，23，18，15，16，18，20，14，13，12

よって，**23点**

(2)　いちばん上の7から始めて時計まわりに隣り合う3つの数を足したものを列挙すると，

18，17，18，21，19，17，15，12，11，17

よって，**21点**

Q3 相手が取ることのできる点数の最大値が，20点，19点，18点，……となるような図を作ってみよう。相手が受け取ることのできる点数の最大値が最も小さくなるような図は，どのような図だろうか。
また，そのときの点数は何点だろうか。

教科書 **p.147**

ガイド いろいろな場合の図をかいてみる。同じ点数でも図は1通りとは限らない。

解答▶ (例)　(i)　20点のとき　　　　(ii)　19点のとき

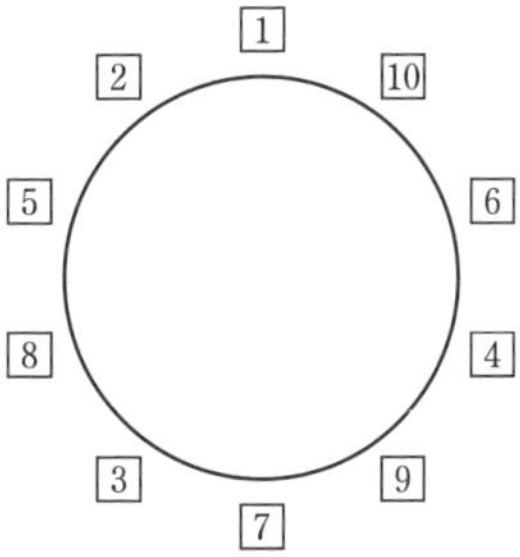

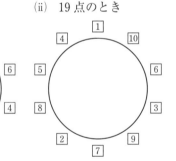

(iii)　18点のとき

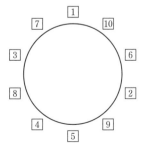

17 点以下の図は作れない。

よって，最大値が最も小さくなるのは，**18 点**である。

⚠注意 点数の最大値が同じなら他の数字の並べ方でもかまわない。

☑Q4　Q 3 で求めた値より，最大値
が小さくなる図が作れない理由
教科書
p.147
を，右の図を参考にして考え説
明してみよう。

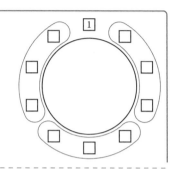

ガイド　1 を除いた 2〜10 を 3 つのグループに分け，その 3 つの数の和を考
える。

解答　2 から 10 までの数字の和は，54

54÷3＝18 より，54 を 3 つのグループに分けると，少なくとも 1 つ
のグループは 18 以上となる。

したがって，問題の図の線で囲んだ 3 つのグループのうち，少なく
とも 1 つのグループは，和が 18 以上になる。

よって，最大値が 17 点以下となるような数字の並びを作ることは
できない。

参考　解答の「54 を 3 つのグループに分けると，少なくとも 1 つのグルー
プは 18 以上となる。」という考え方を，部屋割り論法または鳩の巣原
理という。

◆ 重要事項・公式

集合

▶補集合の性質
$$A \cup \overline{A} = U, \quad A \cap \overline{A} = \varnothing, \quad \overline{\overline{A}} = A$$

▶ド・モルガンの法則
$$\overline{A \cup B} = \overline{A} \cap \overline{B}, \quad \overline{A \cap B} = \overline{A} \cup \overline{B}$$

場合の数と確率

▶和集合と補集合の要素の個数
- $n(A \cup B) = n(A) + n(B) - n(A \cap B)$
  特に，$A \cap B = \varnothing$ のとき，
  $$n(A \cup B) = n(A) + n(B)$$
- $n(\overline{A}) = n(U) - n(A)$

▶順列
- n 個から r 個とる順列の総数
  $$_n\mathrm{P}_r = n(n-1)(n-2)\cdots(n-r+1)$$
  $$= \frac{n!}{(n-r)!}$$
  ここで，$n! = n(n-1)(n-2)\cdots 3\cdot2\cdot1$
  特に，$0! = 1$, $_n\mathrm{P}_0 = 1$
- n 個の円順列の総数　$(n-1)!$
- n 個から r 個とる重複順列の総数　n^r

▶組合せ
- n 個から r 個とる組合せの総数
  $$_n\mathrm{C}_r = \frac{_n\mathrm{P}_r}{r!} = \frac{n(n-1)(n-2)\cdots(n-r+1)}{r(r-1)(r-2)\cdots 1}$$
  特に，$_n\mathrm{C}_0 = 1$
- $_n\mathrm{C}_r = {}_n\mathrm{C}_{n-r}$

▶同じものを含む順列の総数
  全部で n 個のものがあって，そのうち，
  a が p 個，b が q 個，c が r 個，……のとき，
  これらを 1 列に並べる並べ方の総数は，
  $$\frac{n!}{p!\,q!\,r!\cdots}$$
  ただし，$n = p + q + r + \cdots$

▶確率の基本性質
- $0 \leq P(A) \leq 1$, $P(U) = 1$, $P(\varnothing) = 0$
- A, B が排反事象であるとき，
  $$P(A \cup B) = P(A) + P(B)$$
  （確率の加法定理）

▶和事象の確率
$$P(A \cup B) = P(A) + P(B) - P(A \cap B)$$

▶余事象の確率
$$P(\overline{A}) = 1 - P(A)$$

▶期待値
$$E = x_1 p_1 + x_2 p_2 + \cdots + x_n p_n$$
$$\text{ただし，} \quad p_1 + p_2 + \cdots + p_n = 1$$

▶独立な試行の確率　2 つの試行 T_1 と T_2 が独立のとき，T_1 によって決まる事象 A と，T_2 によって決まる事象 B が同時に起こる確率 p は，$p = P(A) \times P(B)$

▶反復試行の確率　1 回の試行で事象 A の起こる確率を p とすると，この試行を n 回繰り返すとき，A がちょうど r 回起こる確率は，$_n\mathrm{C}_r\, p^r (1-p)^{n-r}$

▶条件付き確率
$$P_A(B) = \frac{n(A \cap B)}{n(A)} = \frac{P(A \cap B)}{P(A)}$$

▶確率の乗法定理
$$P(A \cap B) = P(A)\,P_A(B)$$

図形の性質

▶三角形の角の二等分線と比
△ABC において，
AB : AC
= BD : DC
= BE : EC

▶三角形の五心
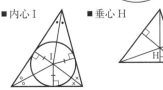
■重心 G　■外心 O
■内心 I　■垂心 H

■傍心 E, E′, E″

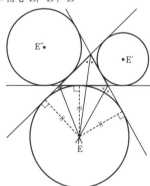

▶チェバの定理・メネラウスの定理

$$\frac{BP}{PC}\cdot\frac{CQ}{QA}\cdot\frac{AR}{RB}=1$$

▶三角形の成立条件

3つの正の数 a, b, c に対して，3辺の長さが a, b, c である三角形が存在する条件は，次の3つの不等式が成り立つことである。

$$a+b>c, \ b+c>a, \ c+a>b$$

▶三角形の辺の大小と対角の大小

△ABC において，

■$b<c \iff \angle B<\angle C$

▶円

■内接する四角形 　■接線と弦のなす角

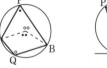

∠APB＋∠AQB 　　∠BAT＝∠APB
＝180°

▶方べきの定理

■4点 A, B, C, D は同一円周上にある。
　⟺ PA・PB＝PC・PD

■PT は円の接線である。
　⟺ PT²＝PA・PB

▶三垂線の定理

(1) OP⊥α, OH⊥ℓ
　ならば，PH⊥ℓ

(2) OP⊥α, PH⊥ℓ
　ならば，OH⊥ℓ

(3) PH⊥ℓ, OH⊥ℓ, OH⊥OP
　ならば，OP⊥α

▶オイラーの多面体定理

凸多面体で，頂点の数を v，辺の数を e，面の数を f とすると，

$$v-e+f=2$$

数学と人間の活動

▶最大公約数の性質

正の整数 a, b $(a>b)$ について，「a と b の最大公約数」と「$a-b$ と b の最大公約数」は等しい。

▶互除法の原理

2つの正の整数 a, b $(a>b)$ において，a を b で割ったときの余りを r とする。

・$r \neq 0$ のとき
　$(a$ と b の最大公約数$)$
　$=(b$ と r の最大公約数$)$

・$r=0$ のとき
　$(a$ と b の最大公約数$)=b$